全球变化热门话题丛书

主　编　秦大河

副主编　丁一汇　毛耀顺

全球碳循环

Quanqiu Tan Xunhuan

周广胜　编著

气象出版社

图书在版编目(CIP)数据

全球碳循环/周广胜等编著. —北京:气象出版社,2003.3（2009.6 重印）

（全球变化热门话题/秦大河主编）

ISBN 978-7-5029-3547-4

Ⅰ.全… Ⅱ.周… Ⅲ.碳循环-普及读物

Ⅳ.X511-49

中国版本图书馆 CIP 数据核字(2003)第 015628 号

气象出版社出版

（北京市海淀区中关村南大街 46 号 邮编:100081）

总编室:010－68407112 发行部:010－68409198

网址 http://www.cmp.cma.gov.cn E-mail:qxcbs@263.net

责任编辑:郭彩丽 张 斌 终审:周诗健

封面设计:新视窗工作室 责任技编:都 平 责任校对:时 人

*

北京京科印刷有限公司印刷

气象出版社发行 全国各地新华书店经销

*

开本:889×1194 1/32 印张:6.375 字数:156 千字

2003 年 3 月第一版 2009 年 6 月第三次印刷

印数:6801～9800 定价:20.00 元

序　言

全球变化科学是从20世纪80年代发展起来的一个新兴的科学领域。其研究对象是气候系统(包括岩石圈、大气圈、水圈、冰冻圈和生物圈)、各子系统内部以及各子系统之间的相互作用。它的科学目标是描述和理解人类赖以生存的气候系统运行的机制、变化规律以及人类活动在其中所起的作用与影响,从而提高对未来环境变化及其对人类社会发展影响的预测和评估能力。近20年来,全球变化的研究方向经历了重大调整。首先是从认识气候系统基本规律的纯基础研究为主,发展到与人类社会可持续发展密切相关的一系列生存环境实际问题的研究;其次是从研究人类活动对环境变化的影响,扩展到研究人类如何适应和减缓全球环境的变化。全球变化的研究已经取得了重大的进展。

气候变化是全球变化研究的核心问题和重要内容。科学研究表明,近百年来,地球气候正经历一次以全球变暖为主要特征的显著变化。近50年的气候变暖主要是人类使用矿物燃料排放的大量二氧化碳等温室气体的增温效应造成的。现有的预测表明,未来50～100年全球的气候将继续向变暖的方向发展。这一增温对全球自然生态系统和各国社会经济已经产生并将继续产生重大而深刻的影响,使人类的生存和发展面临巨大挑战。

自工业革命(1750年)以来,大气中温室气体浓度明显增加。大气中二氧化碳的浓度目前已达到368 ppmv(百万分之一体积),这可能是过去42万年中的最高值。增强的温室效应使得自1860年有气象仪器观测记录以来,全球平均温度升高了0.6±0.2℃。

最暖的 14 个年份均出现在 1983 年以后。20 世纪北半球温度的增幅可能是过去 1 000 年中最高的。降水分布也发生了变化。大陆地区尤其是中高纬地区降水增加，非洲等一些地区降水减少。有些地区极端天气气候事件(厄尔尼诺、干旱、洪涝、雷暴、冰雹、风暴、高温天气和沙尘暴等)的出现频率与强度增加。近百年我国气候也在变暖，气温上升了 0.4～0.5℃，以冬季和西北、华北、东北最为明显。1985 年以来，我国已连续出现了 17 个全国大范围暖冬。降水自 20 世纪 50 年代以后逐渐减少，华北地区出现了暖干化趋势。

对于未来 100 年的全球气候变化，国内外科学家也进行了预测。结果表明：(1)到 2100 年时，地球平均地表气温将比 1990 年上升 1.4～5.8℃。这一增温值将是 20 世纪内增温值(0.6℃左右)的 2～10 倍，可能是近 10 000 年中增温最显著的速率。21 世纪全球平均降水将会增加，北半球雪盖和海冰范围将进一步缩小。到 2100 年时，全球平均海平面将比 1990 年上升 0.09～0.88 m。一些极端事件(如高温天气、强降水、热带气旋强风等)发生的频率会增加。(2)我国气候将继续变暖。到 2020～2030 年，全国平均气温将上升 1.7℃；到 2050 年，全国平均气温将上升 2.2℃。我国气候变暖的幅度由南向北增加。不少地区降水出现增加趋势，但华北和东北南部等一些地区将出现继续变干的趋势。

气候变化的影响是多尺度、全方位、多层次的，正面和负面影响并存，但它的负面影响更受关注。全球气候变暖对全球许多地区的自然生态系统已经产生了影响，如海平面升高、冰川退缩、湖泊水位下降、湖泊面积萎缩、冻土融化、河(湖)冰迟冻与早融、中高纬生长季节延长、动植物分布范围向极区和高海拔区延伸、某些动植物数量减少、一些植物开花期提前等等。自然生态系统由于适应能力有限，容易受到严重的、甚至不可恢复的破坏。正面临这种危险的系统包括：冰川、珊瑚礁岛、红树林、热带雨林、极地和高山生态系统、草原湿地、残余天然草地和海岸带生态系统等。随着气候变化频率和幅度的增加，遭受破坏的自然生态系统在数目上会有所增加，其地理范围也将增加。

气候变化对国民经济的影响可能以负面为主。农业可能是对气候变化反应最为敏感的部门之一。气候变化将使我国未来农业生产的不稳定性增加，产量波动大；农业生产布局和结构将出现变动；农业生产条件改变，农业成本和投资大幅度增加。气候变暖将导致地表径流、旱涝灾害频率和一些地区的水质等发生变化，特别是水资源供需矛盾将更为突出。对气候变化敏感的传染性疾病（如疟疾和登革热）的传播范围可能增加；与高温热浪天气有关的疾病和死亡率增加。气候变化将影响人类居住环境，尤其是江河流域和海岸带低地地区以及迅速发展的城镇，最直接的威胁是洪涝和山体滑坡。人类目前所面临的水和能源短缺、垃圾处理和交通等环境问题，也可能因高温、多雨而加剧。

由于全球增暖将导致地球气候系统的深刻变化，使人类与生态环境系统之间业已建立起来的相互适应关系受到显著影响和扰动，因此全球变化特别是气候变化问题得到各国政府与公众的极大关注。

1979 年的第一次世界气候大会（主要由科学家参加）宣言提出：如果大气中的二氧化碳含量今后仍像现在这样不断增加，则气温的上升到 20 世纪末将达到可测量的程度，到 21 世纪中叶将会出现显著的增温现象。1990 年 11 月，第二次世界气候大会（由科学家和部长参加）通过了《科学技术会议声明》和《部长宣言》，认为已有一些技术上可行、经济上有效的方法，可供各国减少二氧化碳的排放，并提出制定气候变化公约的问题。1991 年 2 月联合国组成气候公约谈判工作组，并于 1992 年 5 月完成了公约的谈判工作。1992 年 6 月联合国环境与发展大会期间，153 个国家和区域一体化组织正式签署了《联合国气候变化框架公约》。1994 年 3 月 21 日公约正式生效。截止到 2001 年 12 月共有 187 个国家和区域一体化组织成为缔约方。公约缔约方第一次大会于 1995 年 3 月在德国柏林召开。经过两年的艰苦谈判，1997 年 12 月在日本京都召开的公约第三次缔约方大会上通过了《京都议定书》，为发达国家规定了到2008～2012年的具体的温室气体减排义务。

1988年11月世界气象组织和联合国环境规划署建立了“政府间气候变化专门委员会(IPCC)”，其主要任务是定期对气候变化科学知识的现状、气候变化对社会和经济的潜在影响，以及适应和减缓气候变化的可能对策进行评估，为各国政府和国际社会提供权威的科学信息。自成立以来，IPCC已组织世界上数以千计的不同领域的科学家完成了三次评估报告及“综合报告”。目前，IPCC正在准备编写第四次评估报告，将于2007年完成。此外，还组织编写了许多特别报告、技术报告。IPCC组织编写的这些评估报告，作为制定气候变化政策和对策的科学依据提交给国际社会和各国政府。它不仅为各国政府部门制定气候变化对策提供了科学信息，而且也直接影响着《联合国气候变化框架公约》及《京都议定书》的实施进程，并在荒漠化、湿地等其他国际环境公约的活动中发挥着越来越大的作用。

全球气候变化问题，不仅是科学问题、环境问题，而且是能源问题、经济问题和政治问题。全球气候变化问题将给我国带来许多挑战、压力和机遇。

国际上要求我国减排温室气体的压力越来越大。目前我国二氧化碳排放量已位居世界第二，甲烷、氧化亚氮等温室气体的排放量也居世界前列。预测表明，到2025～2030年间，我国的二氧化碳排放总量很可能超过美国，居世界第一位；目前低于世界平均水平的我国人均二氧化碳排放量可能达到世界平均水平。由于技术和设备相对落后、陈旧，能源消费强度大，我国单位国内生产总值的温室气体排放量比较高。

我国减排温室气体的潜力受到能源结构、技术和资金的制约。煤是我国的主要能源，在我国一次能源消费中，煤炭约占70%。受能源结构的制约，我国通过调整能源结构来减少二氧化碳排放量的潜力有限。如果近期就承担温室气体控制义务，我国的能源供应将受到制约。同时，因缺少相应的技术支撑，我国的经济发展将受到严重影响。因此，我国的能源结构和减排成本决定了我国不可能过早地承诺减排义务。在相当一段时期内，我国应坚持“节约能源、优化能源结构、提高能源利用效率”的能源政策，但是需要相当的技术和资金作为保证。目前发达国家希望通过“清洁发展机制(CDM)”项目，从发展中国家获得减排抵消额。这将为发展中国家获得新的投资和技术转让带来机遇。

我国党和政府对气候变化问题一直非常重视，早在1986年就成立了国家气候委员会，其职责是参加国际有关组织相应的活动，并在开展气候研究、预报、服务等工作中，负责对外的国际合作、交流，对内起到组织协调的作用，并与各有关部门共同协商、配合工作，充分发挥各有关单位的积极性，使气候科学更好地为国家建设服务。1995年成立了国家气候中心，专门从事气候监测、预测和评价等工作，为我国经济建设和社会发展提供了卓有成效的服务。目前，气候变化与生态环境问题已引起党和政府的高度关注。但是总体来看，迄今为止我国还未把适应与减缓气候变化影响的问题真正提上议事日程，这方面的研究仍十分薄弱和不足。由于全球气候变暖可能给我国自然生态系统和社会经济部门带来难以承受的、不可逆转的、持久的严重影响。因此，应对全球气候变暖的影响，趋利避害，应成为我国实施可持续发展时必须重视的问题之一。需要全面深入研究气候变化对我国自然生态系统和国民经济各部门的影响后果、可采取的适应与减缓措施，并在对其进行成本-效益分析的基础上，提出我国适应与减缓气候变化影响的规划和行动计划。

为了宣传和普及气候和气候变化方面的科学知识，提高公众在全球变化问题上的科学认识，我们组织编撰出版这套《全球变化热门话题》丛书。本套丛书一共18册，由国内相关领域的知名专家撰稿，内容包括以下三方面：一是以大量监测数据为基础，揭示全球变化的若干事实及其在各个分系统中的表现形式；二是以太阳辐射、大气化学、大气物理、环境和生态演变等多学科交叉理论为基础，深入浅出地阐述气候变化的成因；三是以可持续发展理论为指导，提出人类适应和减缓全球变化的各种对策、途径和方法。该丛书的出版，旨在使人们对全球变化有清醒而全面的科学认识，从而更加关注全球变化，并且在更高的层次上、更广泛的范围内认识我国在全球变化中的地位和作用，自觉参与人类社会的共同决策，保护人类赖以生存的地球环境。

国家气候委员会主任
中 国 气 象 局 局 长　秦大河

2003 年 3 月 23 日

目　录

第一章

碳循环与气候变化

碳循环与二氧化碳

与日俱增的资源与环境问题促使科技界、经济界、社会界、政治界等试图从全球的角度来理解人类生存环境的变化以及这种变化对人类发展的影响。自 20 世纪 80 年代中期开始的以国际地圈-生物圈计划(IGBP)为核心的全球变化研究至今已近20年,人们深刻地认识到生物地球化学循环是地球科学研究的核心。事实上,地球上的每一个生物化学反应都是以某种形式与生物地球化学循环相联系的,作为地球生物成员之一的人类参与并依赖于这些循环。数量庞大且复杂的生物过程、地质过程和化学过程改变和传输着生物地球化学元素,从而使得地球化学系统有序地工作着,决定着我们生存环境的化学和物理特性。正因为如此,若要试图了解全球环境变化原因及其对人类生存环境影响,就应该研究全球的生物地球化学循环。

生物地球化学循环及相关概念

生物地球化学循环(biogeochemical cycle)是研究地球上各个库中的生命元素(life elements)——如碳(C)、氧(O)、氮(N)、硫(S)和磷(P)等——的全球或区域循环。通常用循环方法来研究地球上生物地球化学元素在库中的容量和其他外部因子对不同库之间的传输速率的影响。特定元素或组成成分循环的基本特征常常用该研究元素或组成成分在不同库(reservoir)中的含量和它在各个库之间的流动来描述。所谓库,又称盒(box)或分室(compartment),是指以某一物理、化学或生物特征定义的大量物质。比如,对于海洋、大气与陆地之间的水分循环过程,海洋、大气中的水分和地下水等都是库。当定义了库的边界后,通常将库中具体元素的容量作为库的强度。而单位时间从一个库传输到另一个库的物质量称之为通量(flux)。例如,海洋表面的水分蒸发率、平流层的一氧化二氮(N_2O)的氧化率(从大气的N_2O(氮库)流进平流层NO_x(氮库))、海洋沉积物中的磷沉积率。在更具体的传输过程研究中,通常将通量定义为单位时间单位面积传输的物质数量。为区分这两个概念,通常将后者定义为通量密度(flux density)。

碳素是地球上生命有机体的关键成分,它区别于其他生命必需元素的特点之一是碳原子具有形成长的共价链和环的能力,从而形成了有机化学与生物化学的基础。在漫长的地质时期,植物对碳素的固定是大气中产生氧气(O_2)的近乎惟一的来源,决定了整个地球环境的发展趋势。通过氧化还原反应,其他元素循环与碳循环和 O_2 紧密相联。因此,碳循环是生物圈健康发展的重要标志。

碳以二氧化碳(CO_2)、碳酸盐及有机化合物等形式在不同的源——大气、海洋、陆地生物界和海洋生物界——之间循环。在地质时间尺度上,碳循环还包括沉积物和岩石之间的循环(图 1.1)。人类从食物中摄取的碳水化合物被吸入的 O_2 氧化后,以 CO_2 的方式通过呼吸作用排出;矿物燃料燃烧、木材腐烂和土壤及其他有机物的分解亦向大气释放 CO_2。抵消这种将碳转化为 CO_2 的过程

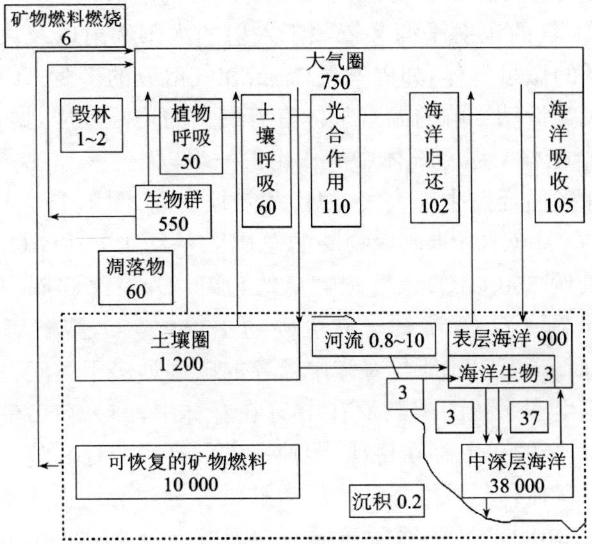

图 1.1 全球碳循环

(框内数值单位:GtC;通量(箭头)单位:$GtC \cdot a^{-1}$)

(改自 Berrien 和 Braswell,1994)

则是植物的光合作用。植物通过光合作用从大气圈中吸收 CO_2 合成有机物质,并向大气中释放 O_2。最大的自然碳交换通量发生在大气与地球生物界,以及大气与海洋表层之间。相比之下,矿物燃料的燃烧向大气的净输入以及森林消失的影响就非常小,但仍大得足以缓解碳的自然平衡。大气中 CO_2 含量与其通量之比作为 CO_2 在大气中的流通时间大约为 4 年,也就是说,大气中 CO_2 分子平均每过几年时间就会被植物吸收或海洋溶解。但是,不要把这个短时间尺度与大气中 CO_2 水平因源和汇的变化而适应到一个新的平衡所需要的时间混为一谈,这个适应时间尺度大约为 50~100 年的量级,相当于 CO_2 在大气中的存留时间。CO_2 在大气中的流通时间主要取决于大洋表层与深层之间缓慢的碳交换,对于全球变暖趋势十分重要。这是因为地球上的气候依赖于大气的辐射平衡，而大气的辐射平衡又依赖于入射的太阳辐射以及大气中辐射性活跃的微量气体，如温室气体、云和气溶胶的多少。CO_2 作为一种受人类活动影响的温室气体有着最大的增温效应，据估计，大气中 CO_2 在整个温室气体中的作用占一半以上。

全球碳循环发生于大气、海洋和陆地之间(图 1.1)。大气圈的碳贮量约 750 GtC；陆地生物圈的总碳贮量约 1 750 GtC，其中植被碳贮量约 550 GtC，土壤碳贮量约1 200 GtC；海洋圈中生物群的碳贮量约 3 GtC，溶解态有机碳约 1 000 GtC，溶解态无机碳 3 400 GtC。这表明陆地与海洋中储存的碳远远多于大气。据估计，全球陆地生态系统的碳贮量有 46%在森林中，23%在热带及温带草原中，其余的碳贮存在耕地、湿地、冻原、高山草地和沙漠半沙漠中。可见，森林和草原生态系统的碳贮量占全球陆地生态系统碳贮量的 69%，在陆地生态系统碳循环中起着十分重要的作用。这些大碳库的微小变化将会对大气 CO_2 浓度造成很大的影响。例如，贮存在海洋中的碳，只要释放 2%就将导致大气中的 CO_2 浓度增加 1 倍。

以 CO_2 形式进出大气的碳输送量是很大的，约占大气中总碳贮量的 1/4，其中的一半与陆地生物群落交换。陆地植物群落通过光合作用从大气中固定的 CO_2 约 110 GtC · a^{-1}，其中 50 GtC · a^{-1}以呼吸作用的形式释放到大气中，余下的 60 GtC · a^{-1}以凋落物的形式进入土壤，并最终以土壤呼吸的形式释放到大气中。矿物燃料燃烧向大气中释放的 CO_2 约 6 GtC · a^{-1}，毁林引起的 CO_2 释放约 1～2 GtC · a^{-1}。

不同碳库之间的碳交换时间尺度相差很大，从数百万年的地壳运动过程至一天甚至分秒时间尺度的大气-海洋之间的气体交换过程和植物的光合作用过程。一般来说，这些时间尺度远大于单个 CO_2 分子在大气中度过大约 4 年的平均时间。这意味着大气 CO_2 浓度发生波动后，其恢复到平衡状态时所需要的时间将不相同，从而将导致整个大气的 CO_2 浓度发生变化。

在人类活动成为一种重要的扰动之前，各个碳库之间的交换是相当稳定的。在 1750 年前后工业化开始之前的几千年内，一直维持着一个稳定的平衡。冰芯结果表明，当时大气中 CO_2 浓度的平均值约为 280 ppmv①，变化幅度约在 10 ppmv 以内。

工业革命打乱了这一平衡，造成了地球大气中的 CO_2 增加了 30%左右，即从 1750 年前后的 280 ppmv 增加到目前的 360 ppmv 以上。美国夏威夷冒纳罗亚（Mauna Loa）山顶附近的观测表明，自 1959 年以来，虽然不同年份的 CO_2 增加量变化很大，但平均而言每年增加约 1.5 ppmv。据估计，近百年来由于各种人类活动而注入到地球大气中的 CO_2 每年约为 30 亿 t，而且其排放速度还在逐年增长。

CO_2 与气候变化

近年来，以气候变暖为标志的全球气候变化已经成为人们茶余饭后谈论的热门话题。全球气温自公元 10 世纪开始一直处于缓慢的降温时期，降幅为 0.1～0.2℃。自 20 世纪 20 年代开始温度开始迅速上升，直到现在。1998 年是自 100 多年前人类有了准确的记录以来最暖的年份，而 20 世纪则是千年来最暖的百年，20 世纪 90 年代是最暖的 10 年。可以肯定地说，近百年来全球气候确实在变暖。例如，2000 年 7 月北京地区月均温度高达 29.5℃，是北京气象站自 1841 年有观测记录以来的最高值。应当指出，温度有升高趋势并不表明是直线上升的，年与年之间还有冷暖的变化，不同地区之间温度升高的幅度差异较大，一些地区甚至出现了降温的变化趋势。例如，在中国西南地区最近几十年来气温有降低的趋势。所谓全球变暖指的是整个地球平均温度的长期变化趋势。

---

① ppmv 即 part per million in volume（体积的百万分之一），1 ppmv $=1\times10^{-6}$。

现在相当多的科学家认为，近百年以来，地球之所以变暖，与人类活动引起的地球大气中温室气体，特别是CO_2浓度的剧增密切相关，这些温室气体可以通过所谓的温室效应使地面温度升高。

温室气体与温室效应

温室气体就是大气中那些对太阳光几乎是透明的，但却强烈吸收地表发射的红外热辐射、对地表有遮挡作用的气体。

CO_2是地球大气中很重要的温室气体，既能吸收太阳短波辐射，又能吸收和发射长波辐射。尽管水汽是最重要的温室气体，但它在大气中的含量不受人类活动的直接影响。直接受人类活动影响的主要温室气体是CO_2、甲烷(CH_4)、氧化亚氮(N_2O)、氯氟烃(CFCs)和臭氧(O_3)，其中CO_2对全球气候变化的贡献率达到60%。温室气体吸收地球红外辐射的谱带范围为7 000～18 000 nm，CO_2吸收辐射的范围为12 500～17 000 nm，透射到大气中的红外辐射约70%～90%都在7 000～13 000 nm范围内。因此，大气中温室气体的存在减小了地球表面向外空释放的能量，从而使地球大气低层和地面增暖，这就是所谓的温室气体效应，简称温室效应。温室效应是地球上生命赖以生存的必要条件，且在自然界中本来就有。如果不存在温室效应，地球表面的辐射平衡温度应为－18 ℃左右；正是地球大气的温室效应，才使得地球表面的实际平均温度为15℃，适宜生物生存。

大气中温室气体的增暖效应首先是由法国科学家傅里叶在1827年发现的。他指出，大气中温室气体的增暖效应与花房温室玻璃的作用相似，这就是“温室效应”名称的由来。由于CO_2等温室气体的温室效应，因而，如果它们在地球大气中含量的剧增，则必将引起全球环境的变化。1860年英国科学家丁达尔直接测量了CO_2和水汽对热辐射的吸收，指出地球气候变化中的冰期可能与当时大气中CO_2含量的减少有关。1896年瑞典物理化学家S. Arrhenius(阿伦尼乌斯，1859～1927)就估算了由于地球大气中温室气体增加而引起的增温效应，指出CO_2倍增将使地球表面平均温度升高5～6 ℃。这个结果与近年来许多复杂的气候模式计算的结果竟然相差不远。

燃料的燃烧将产生 CO_2 和 H_2O，而产生的 CO_2 可溶解在雨水、江河、湖泊和海洋里，也可以被植物吸收进行光合作用等。如果产生和消耗的 CO_2 达到平衡，那么大气中的 CO_2 浓度将保持在一定的范围内。自工业革命以来，大气中温室气体大量增加。现在全球每年排入大气中的 CO_2 总量估计为 100 亿～200 亿 t，几乎全部来自矿物燃料的燃烧，自然来源和一氧化碳(CO)的光化学氧化产生的 CO_2 所占比例很少，从而导致大气中 CO_2 浓度的不断上升。1896 年约为 296 ppmv，1960 年约为 320 ppmv。据政府间气候变化专门委员会(IPCC)的评估报告，如果矿物燃料的使用继续稳定增加，地球将迅速变暖，到 2050 年，全球年平均温度将达到 16～19℃。图 1.2 是根据南极东方站(Vostok)冰岩芯中的重氢(氘，$^2H_2$)含量分析得到的距今 16 万年以来的温度、CO_2 浓度、日射，以及根据海洋泥芯中氧的同位素记录分析得到的冰体积的时间序列。可以看到，图中各种变量的时间序列具有相当好的一致性，这表明这些因素是按照某种方式相互联系着的。从东方站冰岩芯的记录还可发现，在增暖事件中，CO_2 浓度和温度的变化几乎是同时

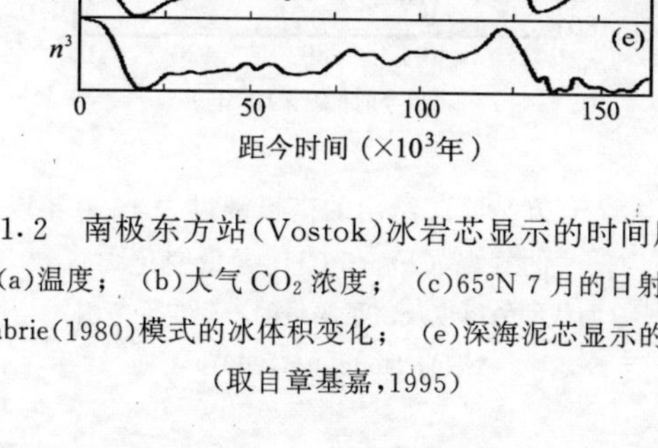

图 1.2 南极东方站(Vostok)冰岩芯显示的时间序列

(a)温度；(b)大气 CO_2 浓度；(c)65°N 7 月的日射；

(d)取自 Imbrie(1980)模式的冰体积变化；(e)深海泥芯显示的冰体积变化

(取自章基嘉，1995)

发生的，但落后于日射的变化；而在变冷事件中，CO_2 浓度和温度的变化再次落后于日射的变化，且 CO_2 浓度的变化明显落后于温度的变化。这种位相关系表明，CO_2 浓度的变化可能提供一种正反馈作用，而不是驱动机制，并暗示在冰期和间冰期中 CO_2 浓度的减少和增加是由于不同过程造成的。

图 1.3 给出了基于东方站冰芯重建的过去 16 万年的大气温度变化与大气 CO_2 和 CH_4 含量，可以看出温度、CO_2 和 CH_4 含量之间存在着很强的相关性。

为了掌握地球未来的命运，科学家们正在试图预测未来的气候和环境变化。其中最重要的一项工作就是预测人类社会如果按

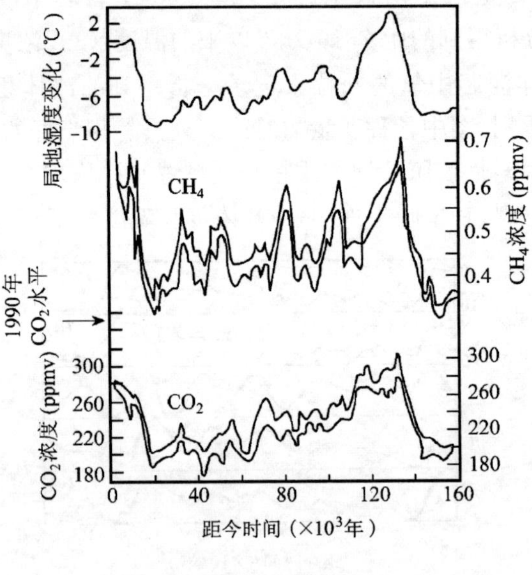

图 1.3　东方站冰芯给出的南极洲过去 16 万年以来的气温、CO_2 和 CH_4 含量变化

(曲线间的厚度反映了测量的不确定性范围)

(取自 Houghton，2001)

照现在的经济发展水平发展下去将对地球产生什么样的影响。世界上数千名科学家经过几十年的努力,得到了初步结论:如果人类社会继续按照现在的水平向大气中排放 CO_2 和其他温室气体及颗粒物等,到 2100 年全球平均温度将要上升 1～3.5 ℃,从而将对海平面及陆地生态系统等产生严重影响,严重威胁人类社会经济的可持续发展。

CO_2 与大气

CO_2 既能吸收太阳短波辐射,又能吸收和发射长波辐射,是大气中重要的温室气体,对全球气候变化的贡献率达到 60%。CO_2 的年平均浓度在整个地球大气对流层中是相对均匀的,这是因为对流层在大约一年的时间尺度上是充分混合的。海洋是 CO_2 最重要的汇,大气和海洋之间的 CO_2 交换对大气 CO_2 含量的变化起到重要的控制作用,大气 CO_2 的另一重要汇是地球表面的森林。

冰芯记录表明,工业革命前地球大气的 CO_2 浓度约为 280 ppmv,相当于 594 GtC 或 2 184 $GtCO_2$(全球大气中的1 ppmv 的 CO_2 相当于 2.12 GtC 或 7.8 $GtCO_2$)。自 1958 年开始在夏威夷

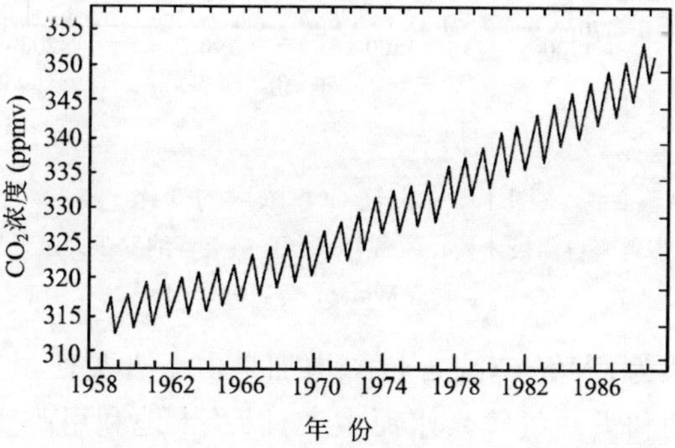

图 1.4 夏威夷冒纳罗亚火山观测站观测的大气 CO_2 月均浓度的变化
(Keeling 等,1989;转引自李崇银,2000)

的冒纳罗亚火山观测站的大气 CO_2 观测表明，大气中 CO_2 浓度呈增加趋势（图 1.4）。而在 300 年内大气 CO_2 含量增加了近 70 ppmv，年均增长率约 0.4%（图 1.5）。由南极冰核及夏威夷的冒纳罗亚火山观测站给出的 250 年来大气 CO_2 浓度的变化可见，大气 CO_2 浓度从 1800 年开始明显增加，而且增加速度越来越快（图 1.5）。1958 年大气 CO_2 浓度 315 ppmv，1998 年升至 367 ppmv；年增加速率由 20 世纪 60 年代的 0.8 ppmv 增加到 80 年代的 1.6 ppmv。

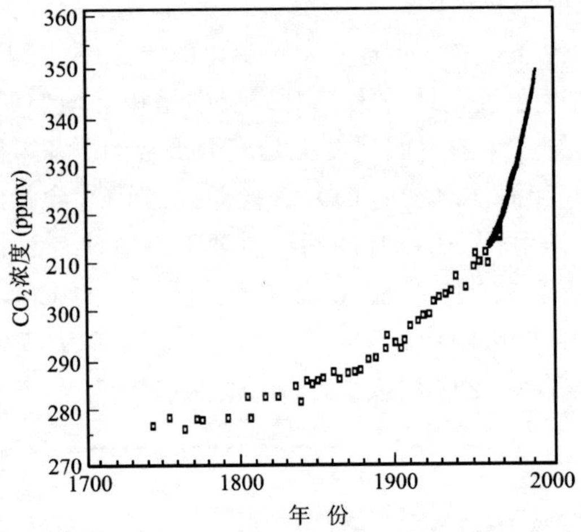

图 1.5 大气 CO_2 浓度的变化

（○：资料来自南极冰核；△：资料来自夏威夷冒纳罗亚火山观测站）

（取自 Watson 等，1990）

一般认为，大气 CO_2 含量的增加是由于人类使用大量矿物燃料（煤、石油和天然气等）、水泥生产，以及土地利用改变，特别是大量砍伐森林造成的，因为在工业化之前的很长一段时间里大气 CO_2 浓度大致稳定在 280±10 ppmv。这几方面是大气 CO_2 的重要来源（表 1.1）。

表 1.1 1980～1989 年全球 CO_2 年收支

(Walker 和 Steffen, 1999;转引自方精云等,2000)

(单位:GtC · a^{-1})

CO_2 源	
矿物燃料及水泥生产	5.5±0.5
热带土地利用的变化所产生的净释放	1.6±1.0
合计	7.1±1.1
CO_2 汇	
大气 CO_2 浓度的增加	3.2±0.2
海洋吸收	2.0±0.8
北半球森林生长吸收	0.5±0.5
植被 CO_2 施肥	1.0±0.5
氮沉降	0.6±0.3
CO_2 源与汇之差	0.2±2.0

CO_2 与海洋

海洋吸收人类活动产生的 CO_2,成为最大的 CO_2 贮藏库。海水中溶解无机碳的速度要比大气中 CO_2 浓度增加的速度小。在几十年或更长的时间尺度上,无干扰大气中的 CO_2 浓度主要受大气与海洋的 CO_2 交换过程控制。海洋与大气之间的双向 CO_2 交换是一个连续性的过程,进/出海洋的净通量受大气中 CO_2 分压强与海洋表层中 CO_2 平衡分压强之差的驱动。海洋表层与深层之间的碳交换主要通过海水的运动传输来完成。海洋深层环流在 100～1 000年的时间尺度上非常活跃。

海洋中的自然碳循环,尤其是海洋表层水中的 CO_2 分压强也受到生物过程的强烈影响。海洋生物界作为一种生物泵以岩屑沉降的方式将有机物形成的碳从表层水中输送到深层,其速度约为每年 4 Gt。而海洋深层中含有比海洋表层多的 CO_2,可以通过向上传输来平衡海洋表层水中碳向下输送造成的损失。实际上这种海洋生物泵可以有效地减少海洋表层 CO_2 的分压强。如果海洋没有生物泵,即无生命的海洋,那么工业革命前的 CO_2 水平会高于实际观测到的 280 ppmv,而可能是 450 ppmv。应该指出,这种海洋生物泵并不能帮助消除人类活动产生的 CO_2。

CO_2 与陆地生态系统

在全球碳循环过程中最重要的过程有光合作用、自养呼吸作用(例如植被的 CO_2 制造)和异养呼吸作用(主要指微生物在土壤中将有机物原料转变为 CO_2)。植被净第一性生产力(NPP)是植被固定太阳能产生总初级生产力(GPP)减去自养呼吸作用,即为植被的固碳能力。在没有受到扰动条件下,植被 NPP 和由于异养呼吸作用造成的分解作用在 1 年内是近于平衡的;而土壤和泥炭形成的固碳能力只相当于植被 NPP 的很小余额。

碳的平衡可能因人类活动的直接影响,如土地利用的变化(特别是森林的毁坏)、气候变化和其他环境方面的变化(如大气成分的变化)而有相当大的改变,因为碳的储量与通量都非常大,陆地植被 NPP 为 50～60 $GtC \cdot a^{-1}$,植被 GPP 约 90～120 $GtC \cdot a^{-1}$。因此,任何扰动都会对大气中 CO_2 的浓度产生显著影响。

陆地生态系统中含有约 2 000 GtC(表 1.2),这几乎相当于大气中所含碳的 3 倍。每年大约有 5%的陆地碳储量与大气进行碳交换。植物通过光合作用每年大约从大气中吸收 110 GtC,而通过呼吸作用向大气释放 50 GtC。植被的总光合作用与植物呼吸作用的差约为 60 GtC,是植被的 NPP。从全球尺度来看,热带雨林生态系统的产量最高,而沙漠生态系统的产量最低(表 1.2)。

在未受干扰的世界中,植被 NPP 近似地由土壤微生物的呼吸作用所平衡。这种碳的平衡可能由于人类的直接作用(如土地利用的改变,特别是森林采伐)造成相当大的改变。这种平衡也会受其他环境因素(如大气组成成分的变化以及气候变化等)影响而有相当大的变化。

表 1.2 全球主要陆地生态系统的面积、植物碳含量与NPP

	面积 (10^{12} m^2)	植物碳 (GtC)	NPP ($GtC \cdot a^{-1}$)	岩屑、土壤 (GtC)
热带雨林	10.3～17.0	164～344	9.3～16.8	82
热带季雨林	4.5～7.5	38～117	3.2～5.4	41～288
温带森林	7.0～12.0	65～174	4.6～6.7	72～161
北方林	9.5～12.0	96～127	3.6～5.7	135～247
林地、灌木林	4.5～12.8	23～57	2.2～4.6	59～72
热带稀树草原	15.0～24.6	27～66	6.1～17.7	63～264
温带草原	6.7～12.5	6～11	2.4～4.4	170～295
苔原、山地	8.0～13.6	2～13	0.5～1.8	121～163
沙漠、半沙漠	13.0～21.0	5～7	0.7～1.3	104～168
极端沙漠	20.4～24.5	0～1	0.0～0.5	4～23
耕地	14.0～16.0	3～22	4.1～12.1	111～128
沼泽、沼泽湿地与海滩	2.0～2.5	7～14	2.7～3.6	145～225.5
藓沼和泥炭地	0.4～1.5	0～1	0.2～0.7	—
湖泊和小溪	2.0～3.2	0～1	0.4	0
人类居住区	2.0	1	0.2	10
合　计	149.0～151.1	560～827	52.8～60.6	1 515～1 636

据 IPCC 估计，热带地区由于森林采伐以及与之相联系的土地利用所造成的由陆地向大气的碳净排放约 1.6±1.0 Gt。但是，由于对森林的采伐速率、被砍伐的林木中所含的碳量以及开垦之后通过土壤的腐蚀作用而造成的碳损失的动力学等知识缺乏了解，因此对于热带森林碳源的估算存在很大的不确定性。北半球中纬度地区森林的再生每年可产生约 1～2 Gt 的碳汇，由于农用肥料中的氮以及矿物燃料燃烧所产生的氮的增加亦可能导致植物和土壤中净碳贮量的增加。20 世纪 80 年代中期至末期，每年约有 70～75 Tg 的氮施入农田中，其中大部分是在北半球的中纬度地区。此外，每年约有 18 Tg 的氮由于酸雨的作用贮存在这一地区的森

林中。这种农田及森林的氮的增加可引起约 0.5～1.0 Gt 的碳累积在土壤和木质植被之中。应该指出的是，森林氮可利用率的增加与污染程度的增加相联系，可能导致森林生长速度的降低。

自 1860 年以来，矿物燃料的燃烧，加之以一些小的工业源（如水泥的生产等）向大气输入的 CO_2 呈现指数增加的趋势，其增加速率约为每年 4%。其中，在二次世界大战和 20 世纪 20 年代经济危机期间有过中断。1973 年石油危机以后，CO_2 排放的增长率首次降到接近每年 2%；1979～1985 年全球 CO_2 排放量一直保持在每年 5.3 GtC 的水平上。自 1985 年起，全球 CO_2 的排放量开始上升，至 1987 年达到 5.9 GtC。1850～1987 年间，因矿物燃料的使用和水泥制造而排放的 CO_2 累计达到 200±20 GtC。工业 CO_2 排放的 95%来源于北半球，特别是工业化国家，其人均排放量达到每年 5 tC，而大多数发展中国家的人均排放量约为每年 0.2±0.5 tC。但是，发展中国家 CO_2 排放的增长率较大，约为每年 6%，而且自 1973 年以来几乎没有减弱的趋势，而在西欧与北美则相反，CO_2 排放的年增长率从 1945～1972 年间的约 3%降到 1973～1984 年间的低于 1%。

未经开发的森林植被和土壤单位面积的碳储量比农业生态系统多 20～100 倍。土地利用变化造成的碳排放与生物量、土壤碳含量、木材制品的氧化率（包括燃烧和腐烂）、土壤中有机质的腐烂率以及收获后和荒弃农业土地上森林的再生率有关。1850～1985 年间由于土地利用，尤其是森林砍伐，引起的碳排放量估计约 115±35 GtC，主要包括：与土地利用相关的焚烧；生物（根、树枝、废材和细树枝等）腐烂；木材制品（纸、木材及废料等）的氧化；土壤中碳的氧化；减去树木的再生和收获后土壤中有机物的再生。尽管 19 世纪和 20 世纪初最大的碳排放来自温带土地，最大值达到每年 0.5 GtC，但是过去几十年的碳排放主要来自于热带森林的毁坏。1980 年热带地区的碳排放约为 0.6～2.5 GtC。过去 135 年来自热带地区的碳排放较中高纬地区高出 2～3 倍。

温室效应的环境效应

CO_2 等温室气体浓度的增加引起温室效应加剧，导致了以气候变暖为标志的全球变化，这将对气候、生态及人类健康等诸多方面带来影响。

海平面

海平面将由于气温变暖而上升。据统计，近百年来全球气温增高约 0.8℃，海平面约上升了 10～15 cm。考虑到海水膨胀，南北极和高山冰雪融化，在全球增暖 1.5～4.5℃时，海平面可能上升 20～165 cm，从而将对世界沿海城市及数十个小岛国构成严重威胁，影响居住在沿海岸线 60 km 范围内的约 1/3 人口的生活。沿海地区的经济大多比较发达，世界上的许多大城市也都位于沿海江河入海口的附近，如美国的纽约、日本的东京、我国的上海等；江河入海口附近的三角洲平原大多是富饶的鱼米之乡，经济繁荣，如我国的长江三角洲平原、珠江三角洲平原等。因此，气候变暖引起的海平面上升将造成巨大的经济损失。另一方面，海平面上升将造成沿海低地被淹没、海滩和海崖遭受侵蚀、农田土地盐碱性恶化、海水倒灌与洪水加剧、港口设备和海岸建筑遭损坏、影响航运、沿海水产养殖业受害影响巨大、破坏大中城市的供排水系统等灾难性后果。

陆地与海洋

由于温室效应引起的气候变化将对种植业、林业与牧业以及海洋渔业产生重大影响。

种植业　温室气体增加对植物的影响主要通过两个途径：一是大气 CO_2 含量增加对植物光合作用的直接影响；二是温室效应引起的气候变暖所带来的间接影响。

CO_2 作为植物光合作用的基本原料在大气 CO_2 含量增高时，如果光、热、水、肥供给充分，可使大多数作物增产，从而有利于世界粮食的生产；而气候增暖则可能使作物的生长季节延长。据估计，夏季平均温度提高 1℃，相当于生产季节延长 10 天，气温升高、生长季节延长的一个直接影响是使作物的分布区向北扩展，使得大多数作物的种植区域都有向高纬度扩展的趋势。

CO_2 是呼吸作用的最终产物。当外界环境中 CO_2 浓度升高到 1%～10%时，呼吸作用明显被抑制，达到 10%时可使植物致死。CO_2 浓度升高对植物呼吸作用的影响因种类和外界条件的不同而有所差异。例如，在美国生物圈 2 号内长期生长在较高浓度 CO_2 下的 10 种植物中，蝶豆、胡椒等 8 种 C_3 植物的呼吸速率表现出明显的上升；而滨藜和大黍 2 种 C_4 植物的呼吸作用速率则变化不明显，甚至略有下降；在 CO_2 浓度升高的条件下，紫花苜蓿、玉米和杜仲等 10 种植物的成熟叶片，在较低的温度(15～20℃)下呼吸作用速率没有显著变化，而在较高的温度(30～35℃)下多数叶片的呼吸作用显著增强。

CO_2 浓度升高对不同类型种类的植物产量的影响有所不同。研究结果表明，CO_2 浓度倍增可使 C_3 植物产量提高约 30%；使 C_4 植物产量提高约 14%。有的 C_4 植物如玉米、高粱则仅提高约 9%；而大米草等植物，不但没有提高，反而有所降低。在 C_4 类作物玉米、甘蔗和高粱等的大田中，由于 C_3 类杂草加速生长，可能导致大幅度减产。

CO_2 浓度升高使得植物茎叶、果实和种子中的可溶性氮、蛋白质、某些维生素和矿质元素等含量有所下降，淀粉、脂肪则有所增加，因而产品的营养价值下降。CO_2 浓度升高通过影响植物群落组成的变化，影响生态系统的物质循环及其结构与功能，如植物枯枝落叶 C/N 比值升高，含 N 量减少，直接影响土壤微生物区系的种类组成和数量，导致营养物质循环的减缓和土壤肥力减退。植物蛋白质等营养成分下降，则导致草食动物摄食量增加、生长缓慢、发育不良、群体减小,而以其为食的肉食动物群体也随之受到影响。而某些昆虫群体的减少将反过来影响到虫媒植物的授粉、生殖,引起生态系统的退化和生产力的降低。

林业和牧业 当 CO_2 浓度加倍时,北半球各纬度自然植被的产量都有一定幅度的提高;植被带北移。冷型温带森林或温带草原将代替目前的北方森林,而亚热带森林将由热带森林所代替。据估计,平均气温升高 1℃,加拿大的林线将北移 100 km。而气温的大幅度上升将可能导致现今北极地区的苔原完全消失。

海洋渔业 海洋面积占地球表面的 71%左右。海洋的生产能力十分巨大,在不破坏海洋生态平衡的情况下,海洋每年可为人类提供 20 亿 t 的鱼类和贝类,而目前人类开发利用的还不足 1 亿 t。气候变暖将对海洋渔业产生重大的影响,主要表现在鱼类的分布,即渔场的分布与渔业生产活动方面。

人类健康与生态

人类健康 高温天气将使人体增加紧张情绪,而凉爽天气则使人感到轻松。全球气温变暖后,高纬度地区的国家将可能会由于常年高温导致某些疾病增多。

生态 虽然人类能适应气候的变化,但地球上的一些物种可能会不适应这种气候剧变,从而导致生物多样性的进一步减少。气温升高、降水变化将使得森林面积比例从现在的 58%减少到 47%,而荒漠面积比例将由 21%扩展到 24%,草原面积比例将由 18%增加到 29%,苔原面积比例将由 3%减少到零,从而将使目前某些荒漠边缘地区面临严重威胁。

未知碳汇及其原因

20 世纪 80 年代后期以前,人们普遍认为整个生态系统对 CO_2 的光合固定作用、植物呼吸作用和土壤有机质分解作用大致处于平衡状态，即除了土地利用导致 CO_2 释放外，生态系统本身的生理生态过程变化对大气 CO_2 浓度没有影响。但是，研究发现，大气中的 CO_2 累积量与海洋对 CO_2 的吸收量小于 CO_2 的总释放量。也就是说，由于矿物燃料燃烧和土地利用变化导致每年向大气释放 6 GtC，其中有约 3 GtC 残留在大气之中，其余约 50%的碳的去向无法解释，被称为"未知碳汇"(missing carbon sink)。

未知碳汇是指矿物燃料燃烧与毁林等释放的 CO_2 超过同期地球大气 CO_2 的增量及海洋吸收量的现象。据估计，1958～1978年的 20 年间有 37 GtC 的未知碳汇，80 年代平均有 1.8 $GtC \cdot a^{-1}$ 的未知碳汇。Tans 等(1990)的研究表明，海洋对未知碳汇的贡献十分有限，全球未知碳汇可能存在于陆地生物圈，特别是北半球中高纬度陆地生态系统，碳汇强度可高达 2～3 $GtC \cdot a^{-1}$。这一点也为 Keeling 等(1996)以及 20 世纪 90 年代末期欧美实施的陆地碳汇监测大型研究计划 EUROFLUX 和 AMERFLUX 所证实，但关于陆地生态系统碳汇强度的估算仍存在较大的差异。

陆地生态系统碳源汇的不确定性不仅影响到未来大气 CO_2 浓度估算的不确定性，而且影响到未来气候变化预测及其影响评估的不确定性。陆地生态系统至少在两个方面影响着陆地碳源汇：一是土地利用的变化，如森林改造成农业用地将导致 CO_2 向大气的净释放；二是净生态系统生产量的可能变化及由此引起的碳循环变化，这些变化是由于大气中 CO_2 浓度的变化、其他生物地球化学循环和(或)气候系统的自然变率变化所引起。

世界上数千名科学家经过几十年的努力得到了初步的结论：陆地碳汇主要发生在北半球中纬度处；大气 CO_2 浓度变化很大，其年际变化的数量几乎与年均矿物燃料释放的 CO_2 一样高(6 $GtC \cdot a^{-1}$)；陆地与大气碳交换的年际变异性具有相当大的不确定性，主要由陆地生物圈而不是海洋所决定。碳通量和碳贮量所构成的碳循环是由一系列过程控制的，包括大气、海洋和陆地水圈的物理过程、陆地生物和生理生态过程、生物地球化学转变、陆地生物圈的自然和人类活动引起的扰动（如火、农业和林地开垦）与矿物燃料释放相联系的过程。对这些过程在机理层次和综合层次上的理解不仅是了解碳循环的历史以及认识当前碳循环的关键，而且也是发展诊断和预测方法以加强未来全球碳循环管理的关键。一般认为，净海洋-大气碳交换主要由物理过程控制，包括海水温度突变层与深水的交换，以及对表层至深层海水中碳重新分配的生物过程的其他影响；陆地和海洋生态系统的光合同化作用、NPP 和生长对于光、水、养分和扰动的响应是非线性的；控制陆地表层与大气之间相互作用的能量、水分和碳交换对扰动（如陆地覆盖的转变与改变）的反应具有重要的尺度依赖性；陆地植物的光合同化作用具有生理饱和现象。在区域至洲际尺度，陆地生态系统与大气之间 CO_2 交换的数量与方向主要由以下因素决定：

- 极端气候事件，如干旱、季节性温度的大变换或由于大气气溶胶的大尺度扰动引起的辐射变化，如火山爆发。
- 火烧频率的变化、林地开垦的变化以及其他可能导致大范围短期碳损失，而碳贮量需要长时期才能恢复的大面积扰动。
- 由于环境强迫或人类土地利用变化引起的植物种分布和生物群区边界的变化，这些将影响大面积的碳贮量和周转，如常绿林转变成落叶林、森林转变成草地或草地转变成灌木。
- 生物多样性丧失和外来物种入侵可能影响碳、养分（特别是氮）和水分的利用效率和保持。

尽管如此，由于目前全球碳通量的观测网稀少，特别是系统性的观测研究非常缺乏，以及观测方法与规范的不统一，迄今为止，关于全球碳循环的认识仍存在很大的不确定性，这是出现未知碳汇现象、预测气候变化及其影响评估不确定性的重要原因。这些不确定性主要表现在：

- 目前的全球模型和观测都不能够以合理的精度在区域、洲际尺度以及年际时间尺度确认碳源或碳汇。例如，北半球陆地碳汇不能清楚地确认是在北美还是欧亚大陆。

- 人类活动对碳循环的空间变化和时间变化的作用亦不清楚。例如，对林地开垦引起的陆地碳汇以及对与矿物燃料燃烧引起的 CO_2 排放相联系的碳通量仍然知之甚少。
- 对影响全球碳循环的过程、控制和相互作用的理解还很不够，特别是关于当代碳循环的关键生物物理过程还没有在模型中得到体现，包括：土地利用、生态系统生理学和控制碳进出陆地系统的扰动之间的相互作用；陆地碳分配的动态及其对环境的响应；异养呼吸作用（包括土壤呼吸作用与凋落物分解作用）的动态及其对环境的响应；景观尺度碳的侧向流动。

第二章

全球碳循环

地球在漫长的演化过程中，大气成分的变化和冰期的循环反复等自然因素，导致了大气 CO_2 浓度的变化。阐明这种变化的原因对于了解大气 CO_2 在气候系统形成和变迁中的作用以及全球碳循环的过程具有极为重要的意义。

工业革命以来，人类正以前所未有的速度和强度在全球尺度上对地球系统产生着巨大影响。大气 CO_2 浓度已从 1850 年的 285±5 ppmv 上升到 1998 年的 367 ppmv，即近 150 年内增长了大约 28%，并继续以每年约 0.5%的速度上升，预计 21 世纪末将达到 650～700 ppmv。从 20 世纪初至今，全球地面气温已经上升了 0.3～0.6 ℃，最近 10 年已经成为自 1860 年以来最暖的时期。大量研究表明，全球碳循环的动态变化与气候变化及人类活动影响（尤其是矿物燃料的燃烧和土地利用/土地覆被变化）有着密切的关系。

正因为如此，由大气 CO_2 浓度增加导致的温室效应及全球气候变化已经引起了世界各国的关注，《联合国气候变化框架公约》（UNFCCC）与《京都议定书》的签订标志着对碳循环的全球性合作研究的开始。虽然全球碳循环的机制还有很多不确定之处,但研究碳循环及其对人类干扰的响应有利于采取科学的措施减少对大气的 CO_2 排放以及增加对大气 CO_2 的吸收。

碳循环研究是在全球气候变暖大背景下应运而生的科学热点。碳循环作为地球系统中伴随各种物质循环和能量流动的复杂过程,它的动态变化必将对气候系统产生重大影响。已有证据表明,人类活动是当前全球碳循环变化的主要驱动因子,由于人类活动引起的碳循环变化又将影响全球气候系统,形成影响人类生存与发展的不利因素。而且,《京都议定书》已经签订,其批准生效只是一个时间问题,如果其中规定的减排义务得到履行,则必然会对世界各国的经济政治决策产生深远影响。这些都使得碳循环已不仅仅是一个复杂的科学问题,而且还是一个严峻的社会和政治问题。

全球碳库

碳是生命物质中的主要元素之一,是有机质的重要组成部分。全球碳循环是指碳在岩石圈、水圈、大气圈和生物圈之间,以 CO_3^{2-}($CaCO_3$、$MgCO_3$ 为主)、HCO_3^-、CO_2、CH_4、CH_2O(有机碳)等形式相互转换和运移的过程。大气中的碳主要以 CO_2、CH_4 和 CO 等气体形式存在,在水中主要为碳酸根离子,在岩石圈中是碳酸盐岩石和沉积物的主要成分,在陆地生态系统中则以各种有机物或无机物的形式存在于植被和土壤中。虽然碳的克拉克值占地壳重量的百分比很低,排在第 8 位以后,为总重量仅 1.28%的 84 种元素之一,但它在地球生命物质的平均含量中却排名第 2(重量比占 18%,仅次于氧的 70%),而在各种生物组织的平均重量中则占 50%。因此,碳循环对于人类的生存发展和环境具有重要意义(袁道先,2001)。

岩石圈碳库是最大的，但碳在其中的周转时间极长，约在百万年以上，因此在碳循环研究中，可以把岩石圈碳库近似看做静止不动的；海洋碳库是除地质碳库外最大的碳库，但碳在深海中的周转时间也较长，平均为千年尺度；陆地生态系统碳库主要由植被和土壤两个分碳库组成，内部组成和各种反馈机制最为复杂，是受人类活动影响最大的碳库。

植物光合作用驱动的碳循环不但为人类提供最基本的食物，而且是煤、石油、天然气、森林形成的前提，为人类提供在时空上可调节的基本能源。受到全球碳循环调节的大气 CO_2、CH_4 等气体，由于可以吸收由地球表面反射回来的红外光等长波辐射，从而使地球表面的温度升高。因此，碳循环通过调节大气温室气体浓度而调节地球表面温度，使其适合生命的发展。如果地球上的碳，特别是在碳酸盐岩石中的全球 99.55%的碳（10^{16} t）通过变质作用、火山、活动断裂放气等作用而全部进入大气，则地球表面的温度将变得和金星表面一样，达到约 460℃。相反，如果大气温室气体由于陆地风化作用加强，或植被繁衍等原因而被过度吸收，另一次冰期则会到来。

全球碳循环及其对人类生存环境影响的研究可以追溯到 400 年前。17 世纪比利时炼丹师 J. Van Helmont（1579～1644）就指出，木炭的燃烧、酒的发酵、一些矿泉水和醋酸滴在石灰石上会产生一种气体，即现今知道的 CO_2。1756 年英国医学教授 J. Black（1728～1799）在博士论文中指出，菱镁矿是碱土金属和一种气体（当时称为固定气）的化合物，并指出这种“固定气”会使蜡烛熄灭、小动物窒息。后来，A. Lavoisier（法国著名化学家拉瓦锡，1743～1794）确定这种“固定气”的成分是碳和氧。1799 年是人类对地球碳循环与生物圈和大气圈的关系认识获得突破的一年。荷兰人 J. Ingenhousz（著名的牛痘接种技术传播者因根豪茨，1730～1799）撰书指出，一切植物中的碳都是通过阳光的作用由大气中的 CO_2 获取，而不是从土壤的腐殖质获取。这一新概念的提出，不但是对当时刚提出的马尔萨斯人口论的立论基础的挑战(马氏根据当时的普遍观点认为,植物生长的物质来源于土壤的腐殖质,因而粮食的产量只能随着耕地呈算术比例增加),而且也是现代集约农业(intensive agriculture)的立论前提。但这一观点直到1840年经过有机化学家J. Von Liebig(1803～1873)的实验演示才被广泛接受。1896年瑞典物理化学家S. Arrhenius根据不同地点测定的红外辐射资料,计算出大气CO_2浓度加倍时,地表平均气温将上升5～6℃;而大气CO_2浓度降低一半时,则地表温度将下降4℃;如果大气中CO_2浓度为零,则平均气温将下降20℃。

大气碳库

大气碳库约为750 GtC,是碳库中最小的。但是,大气碳库是联系海洋与陆地生态系统碳库的纽带和桥梁,大气含碳量的多少直接影响整个地球系统的物质循环和能量流动。大气中的含碳气体主要有CO_2、CH_4、CO等,通过测定这些气体在大气中的含量即可推算出大气碳库的大小。相对于海洋和陆地生态系统,大气碳库较易计算,而且也是最准确的。由于在这些气体中CO_2含量最大,因此大气中的CO_2浓度往往可以看做大气中碳含量的一个重要指标。冰芯记录表明,在距今42万年前至工业革命前大气CO_2浓度大致在180～280 ppmv之间。但从工业革命初期至今的近250年内,大气CO_2浓度增长了近30%,近十年内平均每年增长1～3 ppmv。当前大气CO_2浓度是过去42万年间未曾有过的。

对于大气中的碳来说,岩石圈和人类活动圈是其净源,水圈和生物圈则可能是源也可能是汇。大气中的碳尽管主要是以CO_2、CH_4和CO的形式存在,但以CO_2最为重要。大气CO_2浓度在全球分布不均匀,差值可达50 ppmv左右。观测表明,大气CO_2浓度还表现出一种纬度梯度,自北极向南极方向减小。这是因为:其一,矿物燃料燃烧释放量在南北半球不同。最新观测研究发现,人类活动释放到大气中的CO_2含量分布表现出一种纬度梯度变化。在北极和高纬度地带年平均为 4.5～3.5 ppmv，北方中纬度为 3.5～2.5 ppmv，赤道和南北方低纬度为 2.5～1.0 ppmv，向着南极减少到 0.5 ppmv。其二，大气 CO_2 在各源和汇之间的自然传输交换有差异。运用大气环流模型及近地面的湍流混合模型研究 CO_2 的运输发现，与陆地生物群落相关的大气 CO_2 也具有梯度变化，但是其总量比较小，只相当于矿物燃料燃烧引起的大气 CO_2 浓度梯度的一半。在整个地质历史时期，大气碳含量始终处于变化之中。利用极地冰芯对古大气成分的研究表明，过去 16 万年来大气 CO_2 和 CH_4 及氧同位素温度指标之间有显著的正相关关系，在寒冷的末次冰期里大气 CO_2 和 CH_4 的浓度分别为 200 ppmv 和 0.4 ppmv左右。随着温暖的间冰期的到来，大气 CO_2 和 CH_4 的浓度则迅速上升到 280 ppmv 和 0.6 ppmv 左右。根据大量模拟实验的结果，量化太阳辐射、大气 CO_2 强迫、陆地反照率和水汽温度反馈对于末次盛冰期降温率的贡献，则末次盛冰期 4.5℃的降温有 20.8%是大气 CO_2 减少的影响，太阳辐射和陆地反照率温度反馈的影响为 40%，水汽-温度反馈的影响为 38.6%。

从 1850 年开始大气中 CO_2 的平均浓度从 280 ppmv 上升到 1955 年的 315 ppmv。其后，大气 CO_2 的浓度增速不断加大。尽管 20 世纪 90 年代以来大气 CO_2 浓度的增长率比 20 世纪 70 年代～80 年代有所减小，但是 1996 年已经达到 360 ppmv。也就是说，自从有观测记录以来，大气 CO_2 浓度增加了 45 ppmv，年平均除有 56%的人为释放量留存于大气当中，其余的则肯定为海洋和陆地生态系统所吸收。值得注意的是，虽然大气 CO_2 的浓度增速减缓，但是全球增温的趋势并没有改变。这就启发人们深入探索影响 20 世纪全球温度变化的其他重要因素，例如太阳辐射、火山爆发和 ENSO 等。人们已经普遍注意到，1983～1987 年剧烈的 ENSO 事件对应于一个相对降温期，1991 年皮纳图博火山喷发也对应着一个相对降温期。有人将 20 世纪 20 年代～40 年代的全球 0.25℃左右的增温归之于火山活动的沉寂，认为 20 世纪 70 年代中期以来的全球约 0.25℃的增温才是人类释放 CO_2 引起温室效应增强的结果(黄萍、黄春长,2000)。

海洋碳库

海洋具有贮存和吸收大气 CO_2 的能力,影响着大气 CO_2 的收支平衡,有可能成为人类活动产生的 CO_2 的最重要的汇。海洋可溶性无机碳(DIC)含量约为 37 400 Gt,是大气含碳量的 50 余倍,在全球碳循环中起着十分重要的作用。从千年尺度上看,海洋决定着大气中的 CO_2 浓度。大气 CO_2 不断地与海洋表层进行着碳交换,年碳交换量约 100 GtC · a^{-1}。人类活动导致的碳排放中约 30%~50%将被海洋吸收,但海洋缓冲大气 CO_2 浓度的能力不是无限的,这种能力的大小取决于岩石侵蚀所能形成的阳离子数量。由于人类活动导致的碳排放速率比阳离子的提供速率大几个数量级,因而在千年尺度上随着大气 CO_2 浓度的不断上升,海洋吸收 CO_2 的能力将不可避免地会逐渐降低。一般而言,海洋碳的周转时间常常为几百年甚至上千年,可以说海洋碳库基本上不依赖于人类的活动,而且由于观测手段等原因,相对陆地碳库来说,对海洋碳库的估算还是比较准确的。

根据测算大气 CO_2 的收支状况,平均每年由人为释放的 5.5 ± 0.5 GtC · a^{-1} 中有 3.2 ± 0.2 GtC · a^{-1} 留存于大气中,2.0 ± 0.8 GtC · a^{-1} 为海洋吸收。根据人为释放 CO_2 会使海水溶解态无机碳 $^{13}C/^{12}C$ 比率减小的原理测算,1970~1990 年海洋的吸收值为 2.1 ± 1.5 GtC · a^{-1}。据人为释放 CO_2 造成 O_2/N_2 比率变化原理测算,1989~1994 年海洋吸收值为 1.9 ± 0.5 GtC · a^{-1}。据测定,浅层海水 CO_2 含量为 0.088 g · L^{-1},中层和深层海水为 1.7×10^{-3} g · L^{-1}。浅层海水吸收 CO_2 并通过生物化学过程向深部转移,但是这种转移过程很缓慢。海水中溶解的 CO_2 会直接与大气交换,如果海面水温上升,海洋吸收的 CO_2 就会减少。而且,随着海水升温,溶解于其中的有机碳会更快地分解,增加向大气的释放量。

海洋是碳酸盐沉积的主要场所，由陆地水文系统输送到海洋的碳酸盐成分，主要在温热带海底沉积。但是，随着水深和压力增加，碳酸盐的溶解度加大而沉积速度减小，达到一定深度则沉积速度等于溶解速度，该深度以下不会发生沉积。据测算，中新世以来海洋碳酸盐沉积量平均 19 GtC · a^{-1}，但是现代陆地水文系统供给的溶解态碳酸盐为 12 GtC · a^{-1}。因此，海洋通过补偿深度的变浅调整，来增加深海海底碳酸盐溶蚀，达到海洋中碳-水-钙循环平衡，这样海洋就要从大气中吸收 CO_2。目前，对海洋生物作用吸收 CO_2 的问题研究不多。与海洋碳循环有关的问题主要是从两极到赤道海洋表层的生物生产力的差异，以及从海洋表层到深层的物质输送过程。前者主要指从陆地随水流进入海洋的有机物质、海洋水域生产的有机物质。在有机循环过程中，从浮游植物开始，碳得以从空气进入海洋表层，沿着食物链由海洋表层输送到深海中。死亡海生动植物的硬体残骸沉积海底，也会固化贮存一部分碳。

在海洋里，CO_2 溶解于水，它穿过整个海洋表面不断地与海面上的空气进行交换（每年交换 100 GtC 左右），特别是当波浪破碎时。溶解在海洋表层水中的 CO_2 浓度与海面之上的空气 CO_2 浓度之间形成一种平衡。在海洋表层 100 m 左右的海水中，将很快发生这种变化，但是与更底层海洋的交换需要更长的时间。从海洋表层进入大部分深海需要几百年到上千年的时间。所以，海洋并不像根据大气与海洋这个大碳库的交换规模所揭示的那样，能给增加的大气 CO_2 即刻提供一个汇。就短期变化而言，只有表层海水在碳循环中起主要作用。海洋中的生物活动也起着一种重要作用。尽管海洋中生命物质的总量不是很大，但它具有很高的循环速率。海洋中生命物质的生产率是陆地上的 30%～40%左右。绝大部分产物都是植物和动物浮游生物的，它们经受一系列快速生命循环。当它们死亡和腐烂时，其中所含有的一部分碳将被向下输送到深水处或海底。就碳循环而言，在这里它们不再参与几百年或几千年的循环。这一过程对碳循环的贡献叫做“生物泵”。“生物泵”的净效果是减少表层水中的碳含量，使得它可以从大气中获取更多的 CO_2 以恢复表层平衡。它在确定冰期期间大气和海洋的 CO_2 浓度中具有重要作用，在冰期的寒冷期内，海洋中增强的生物活动可能是造成大气 CO_2 维持低浓度水平的原因。但是，它对少于几百年时间尺度的过程影响不大。所以，到目前为止，它对于本世纪由人类活动产生的大气中过量碳的吸收（清除）的贡献是可以忽略的。

陆地碳库

据估算，陆地生态系统蓄积的碳量约为 1 750 Gt。其中，土壤有机碳贮量约是植被碳库的 2 倍左右，从热带森林的 1∶1 到北部森林的 5∶1 不等。目前，对于植被碳库和土壤碳库的估算还不一致，这主要是不同估算方法之间的差异，如假设条件、各类参数取值、测定的土壤深度、调查的土壤类型、植被类型全面与否，以及估算中的各种不确定性造成的。

从全球不同植被类型的碳贮量来看，陆地碳贮量主要发生在森林地区。森林生态系统在地圈、生物圈的生物地球化学过程中起着重要的“缓冲器”和“阀”的功能。约 80%的地上碳贮量和约 40%的地下碳贮量发生在森林生态系统，余下的部分主要贮存在耕地、湿地、冻原、高山草原及沙漠半沙漠中。从不同气候带来看，碳贮存主要发生在热带地区，全球 50%以上的植被碳和近 1/4 的土壤有机碳贮存在热带森林和热带草原；另外，约 15%的植被碳和近 18%的土壤有机碳贮存在温带森林和草地；剩余部分的陆地碳贮量主要发生在北部森林、冻原、湿地、耕地及沙漠和半沙漠地区。自然生态系统的碳贮量和碳释放在较长时间尺度上是基本平衡的，除非陆地碳库的强度加大，否则任何一个碳汇迟早会被碳源所平衡。

陆地表面有广泛的人类活动干扰，生态系统在贮碳方面即使只发生很小的变化，也会影响大气与生态系统之间碳的平衡。但是，陆地生态系统对于全球碳循环的影响程度仍难以准确把握。这是因为至少有两个因素控制着生态系统对于碳的存储水平：其一是人类对地表的改造。例如，砍伐森林、开垦草地，使之成为农田，导致 CO_2 向大气中的净释放。其二是生态系统净生产量的可能变化，这可能是由大气 CO_2 浓度变化引起，也可能是由其他全球生物地球化学循环的变化，或者物理性气候系统的变化所引起。

陆地生态系统是一个土壤-植被-大气相互作用的复杂系统，内部各子系统之间及其与大气之间存在着复杂的相互作用和反馈机制。正因为如此，陆地生物圈对大气 CO_2 浓度年际变化的影响要比海洋大。更为重要的是，陆地碳库也是全球碳循环中受人类活动影响最大的部分，与人类活动有关的矿物燃料燃烧、水泥生产及土地利用变化等都会造成 CO_2 的排放，改变大气各组成成分。因此，全球碳循环中最大的不确定性主要来自陆地生态系统。

据估算，由于矿物燃料燃烧和土地利用变化排放的 CO_2 中约有一半将保留在大气中，剩余部分则被海洋和陆地吸收。但在目前的全球碳收支中，矿物燃料燃烧和土地利用变化造成的碳排放明显地大于存留在大气中的碳量和各已知的碳汇之和。例如，在1850～1998 年间由于矿物燃料燃烧和水泥生产造成的碳排放约为 270±30 Gt，土地利用变化造成的碳排放约 136±55 Gt，其中约 176±10 Gt 留在了大气中，同期海洋碳吸收约 120±50 Gt。

世界上大多数陆生植物生长受到 CO_2 浓度的制约。例如 C_3 光合作用植物随着大气 CO_2 浓度增加，其光合作用和发育也随之加快。然而，有些植物由于其特殊的光合代谢机理，对大气 CO_2 增加会产生不同的响应，它们是所谓 C_4 植物（热带稀树草原上的草，以及像玉米、高粱之类的谷物），在目前的 CO_2 浓度条件下，这些植物的光合作用速率趋于饱和状态。根据 C_3 植物的光合作用机理，人们会简单地推测：人类活动造成大气 CO_2 浓度升高，会导致陆地植物更加繁茂。根据过去 16 万年以来气候-大气 CO_2 浓度-植被演变之间的关系，如果空气中 CO_2 倍增，陆地植被和土壤圈将成为大气CO_2的一个大的汇。通过对全球观测网43个地点1992～1993年大气CO_2的$^{13}C/^{12}C$比率研究，发现北半球中纬度地区有一个强大的陆地生物碳汇存在，其尺度近似于由矿物燃料燃烧所释放的CO_2量的一半。但是，目前尚无法搞清楚导致陆地生物圈吸收如此巨大量CO_2的过程。

美国马萨诸塞州中部落叶阔叶林生态系统在1990年4月～1991年12月间的CO_2净交换观测表明，该系统每年每公顷生产11.1 tC，其中呼吸量为7.4 tC，净吸收固化量为3.7±0.7 tC。这个净吸收率显著地高于过去那些对温带森林碳吸收率的假定值。这表明温带森林碳贮量对于未来大气CO_2浓度将会起重要作用。虽然有理由相信CO_2浓度增加对植物有增生效应，但是陆地植被生产力不可能成比例增加。全球森林植被和土壤贮存着约1 146 GtC，其中的2/3存贮在与土壤相关的泥炭之中。据研究，1990年低纬地带毁林释放1.6±0.4 GtC，中高纬度森林生长和面积扩大则贮存了0.7±0.2 GtC。这就是说，森林生态系统每年向大气中净释放碳量为0.9±0.4 GtC。在全球增温的情况下，植物和土壤的贮碳量可能会因为植物呼吸率的增加而减少。

农业耕作扰动加速了土壤碳呼吸作用，植物残体和有机质分解增强，土壤存贮的碳大幅度减少，土壤又成为大气CO_2的巨大的源。土壤^{14}C研究表明，土壤有机碳存留时间也呈现出纬度变化，高纬度土壤中有机碳的存留时间比较长，更有能力作为贮碳库。冰后期以来，大气CO_2浓度迅速增加，同时也有大面积泥炭湿地形成。大量的碳已经以有机土壤和泥炭的形式积累储存于陆地，总计达120～260 GtC。随着高纬度温度的大幅度上升，将有更多的CO_2和CH_4从高纬度地区的冻土带和泥炭地释放出来。这些地区的土壤含有大量相对不分解的碳，随着升温会加速分解并释放到大气中，它比光合作用固碳过程更为剧烈。

岩石圈中的碳

地壳岩石中平均含有0.27%的碳，共有大约65.5×10^{10} GtC，其中73%是以碳酸盐岩的形式存在，其余为石油、天然气、煤等有机碳。在各种内外营力作用过程（如地球内部的喷发释放、地表的侵蚀、搬运和堆积过程）当中，碳以各种形式迁移或转化，参与循环。地球内部的CO_2通过地热区、活动断裂带和火山活动不断地释放出来。它直接进入大气圈，或存储在沉积地层中成为CO_2气田。我国四川黄龙、九寨沟和云南腾冲地区，土耳其帕默克莱(Pamukale)地区，意大利罗马附近的活动断裂和钙化堆积地区，浓度高达23%～90%的地幔源CO_2通过活动断裂带向大气释放，从而形成了大量的钙化沉积物。根据对意大利罗马附近1 000 km^2范围内钙化堆积量及其年龄的测定，估算其CO_2释放量为12×10^4 t · a^{-1}。在西班牙南部的瓜德兰廷(Guadalantin)地区，对碳酸盐岩区域地下水的过量开采引起深部浓度高达85%的CO_2侵入。美国西部的马默斯(Mammoth)休眠火山区土壤空气中CO_2浓度高达30%～96%，每天总的CO_2通量≥1 200 t，这种持续性地大量CO_2释放，表明地球内部更大更深的高压CO_2气库被扰动。

在岩溶作用中，一方面由于碳酸盐岩的溶蚀通过水从大气圈吸收CO_2；另一方面由于钙化的沉积则向大气圈释放CO_2。这构成了全球碳循环系统中源汇关系不可忽视的一部分。全球陆地碳酸盐岩体碳库容量估计近10^8 Gt，占全球总碳量的99.55%，分布面积为2.2×10^7 km^2。碳酸盐岩的产生与地质历史上的大气、气候、水热和生物环境条件密切相关，是过去全球碳循环的方向和强度变化过程中被固化的部分。大气CO_2浓度上升将导致全球碳酸盐岩溶蚀量增加，并通过水从大气中回收更多的CO_2。

人类活动对全球碳循环的影响

一般认为，矿物燃料的燃烧及工业过程（水泥生产中石灰石的窑烧）的排放和土地利用方式的改变是重要的碳源。此外，由于气候变暖引起的反馈作用也对全球碳循环产生重要影响。

矿物燃料的燃烧

夏威夷冒纳罗亚站和南极站对大气CO_2浓度的记录表明，20世纪50年代后期，两者的记录几乎相等，但在20世纪90年代早期两站记录的体积浓度差别几乎达到3 ppmv。浓度差别的增加证明了由于矿物燃料利用引起的CO_2排放的增加，这主要发生在北半球。全球可恢复的矿物燃料估计为4 000 GtC，比起大气碳库（工业革命前600 GtC）和陆地植物碳库（约550 GtC）大得多。20世纪80年代由于矿物燃料的燃烧向大气排放5.5 GtC，现在更有增加的趋势（达6.5 GtC）。大气吸纳3.2 GtC · a^{-1}（或3.4 GtC · a^{-1}），如此继续下去将可能使大气CO_2浓度大幅增加。

土地利用方式的改变

据估计，全球贮存在植被及土壤中的碳量分别为550 GtC和1 200 GtC。按照生态类型划分，全球的碳有46%贮存在森林中，23%贮存在热带及温带草原，其余贮存在耕地、湿地、冻原、高山草地及沙漠半沙漠中。

几个世纪以来，人类活动对生物圈的影响已从区域扩展到全球，特别是大气CO_2及其他温室气体浓度逐年增加，由此引起全球气候发生巨大变化，导致陆地生态系统的生产力及其碳贮量发生变化。

图2.1给出了冒纳罗亚观测站的大气CO_2浓度、全球矿物能源燃烧和海洋交换及根据这些数据得到的生物圈生产量和呼吸量，在此基础上给出了1958～1992年间生物圈的生物量、呼吸作用量及其比例。可以看出，1958～1972年生物圈的NPP和异养呼吸作用没有明显变化（图2.2a～c），但是自1973年后则有了明显的增加，生物圈的NPP与异养呼吸作用的比率保持在1左右，表明生产力的增加可能被冬季的呼吸作用增加所抵消。因此，尽管生物圈的代谢速率提高，但生物圈的净碳贮量基本保持不变（田汉勤

等,2000)。

自从20世纪70年代以来,生物圈的NPP和异养呼吸作用的增加与全球温度的增加呈现同步趋势(图2.3)。生物圈代谢可能

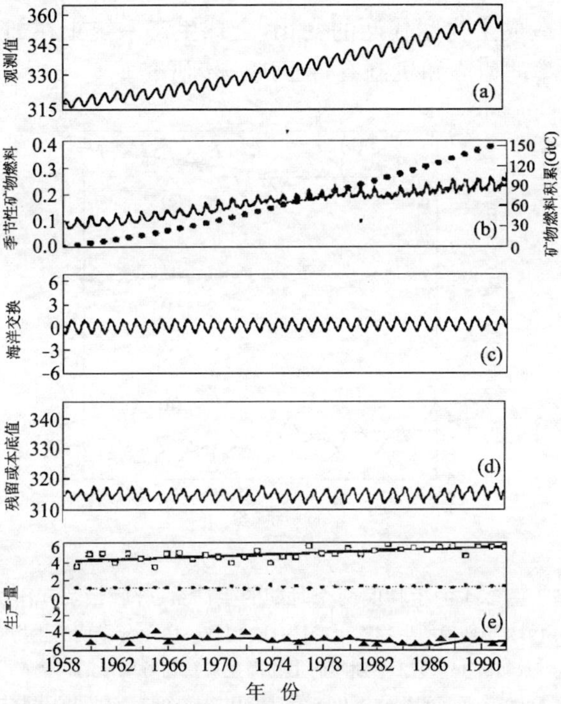

图2.1 夏威夷冒纳罗亚观测站的大气CO_2浓度、全球矿物能源燃烧和海洋交换的数据及基于这些数据得到的生物圈生产量、呼吸量及其比

(a)大气CO_2浓度;(b)来自矿物能源的海洋CO_2排放,点表示来自矿物能源的累计CO_2排放($GtC \cdot a^{-1}$);(c)海洋CO_2交换;(d)来自大气的残余或自然的CO_2流动;(e)半年生产量(三角形),半年呼吸量(方形)及其比例(点)

(负值表示生物圈从大气中吸收CO_2(ppmv))

(取自田汉勤等,2000)

受到土地利用引起的季节性 CO_2 释放、大气与海洋的季节性 CO_2 交换的年际变异，以及人类活动和大气循环的复杂影响。灵敏性分析指出，所有这些可能的影响因子均没有导致生物圈代谢的变化，引起生物圈代谢变化的原因可能是这些因素的相互作用。不论是什么原因造成生物圈代谢的变化，全球生态系统正在加速其周转率或代谢率的原因和机制有待于进一步研究。

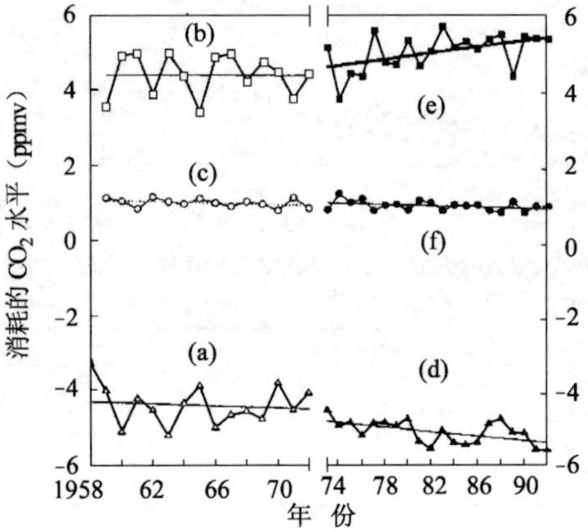

图 2.2 基于图 2.1 的生物圈两个时期的生产量、呼吸量及其比例的对比图

(a)1958～1972 年期间的生物圈生产量；(b)1958～1972 年期间的生物圈呼吸量；
(c)1958～1972 年期间的生物圈生产量与呼吸量的比例；
(d)1972～1992 年期间的生物圈生产量；(e)1972～1992 年期间的生物圈呼吸量；
(f)1972～1992 年期间的生物圈生产量与呼吸量的比例
（取自田汉勤等，2000）

森林利用方式的改变 陆地生物群落对大气 CO_2 作用的研究表明，在 1860～1980 年间由于森林砍伐导致的碳净释放达 135～228 GtC。1980 年估计有 1.8～4.7 GtC 被释放到大气中，其中 80%主要来自热带森林砍伐。1960 年以前，每年由生物和土壤释放的碳量超过燃烧矿物燃料排放的量。

根据联合国粮农组织(FAO)1981 年公布的数字，由森林(包

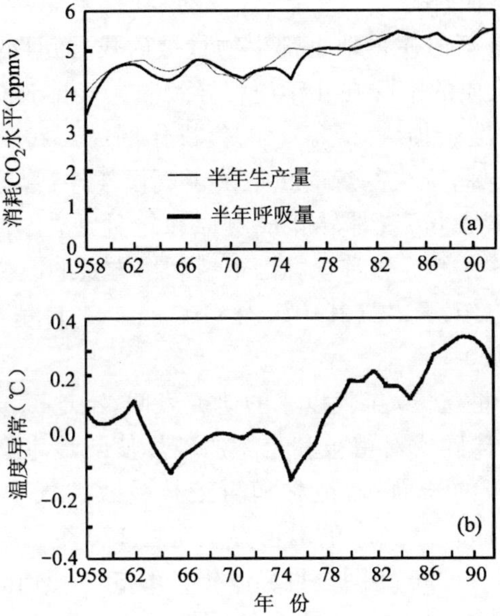

图 2.3 全球生物圈代谢和全球温度异常的同步效应

(a)基于图 2.1 的生物圈生产量和呼吸量,取 3 年连续平均;

(b)根据 Jones 等(1995)的全球年均温度异常的 3 年连续平均值

(取自田汉勤等,2000)

括原始森林、用材林和次生林)转变为永久性农业和牧业的面积为 4.5 $Mhm^2 \cdot a^{-1}$,转变为轮种地的面积为 21.7 $Mhm^2 \cdot a^{-1}$,原始森林转变为用材林的面积为 4.6 $Mhm^2 \cdot a^{-1}$。不同的土地利用方式对植被和土壤有不同的影响,导致 CO_2 的释放量不同。发展中国家的木材和木炭占能源总需求的 17%。据估计,2000 年薪材消耗占其木材净收获量的 78.2%。砍伐后的木材作为薪材燃烧,被固定的碳马上以 CO_2 的形式释放,但若用作耐用产品,如建筑木料、木板、胶合板、纤维板、纸、纸板等,则不会立即向大气释放。据 FAO 统计,1986 年有 2/3 以上的工业用木材制成耐用产品而没有即刻参与碳循环。

森林开垦不但使得地上部生物量被砍伐，而且残留植物的腐烂和土壤有机质的下降在几年内将导致向大气排放CO_2。森林转化为农田，土壤碳损失25%～40%，耕作层（0～20 cm）的损失量最大，可达40%，损失的绝对量取决于气候条件、管理措施及原来土壤的初始碳含量；森林转化成草原和轮种地，土壤碳分别损失20%和18%～27%。热带森林因土地利用方式的改变导致的碳净释放为0.47 GtC·a^{-1}（其中0.31 GtC·a^{-1}来自植物，0.16 GtC·a^{-1}来自土壤）。

然而，20世纪90年代以来的研究表明，土地覆被变化既有消极的一面（森林砍伐对植被和土壤的破坏使陆地生态系统成为碳源），也有积极的一面，即造林和再造林吸收大气中CO_2成为碳汇。FAO于1997年公布的对世界上超过170个国家的统计数字表明，在1990～1995年间全世界净损失的56.3 Mhm^2森林中，发展中国家损失65.1 Mhm^2，但发达国家的森林面积则在同时增加了8.8 Mhm^2。由此引起的CO_2净释放为1.15 GtC·a^{-1}（毁林释放1.44 GtC·a^{-1}，造林补偿0.29 GtC·a^{-1}），其中热带常绿森林损失0.69 GtC·a^{-1}。换言之，热带森林的开垦仍然是主要碳源之一。需要指出的是，该统计没有考虑森林的年龄结构，也没有把俄罗斯联邦的资料统计在内。尽管温带和寒带森林的再造具有碳汇的作用，但与热带森林的碳源相比，毕竟太小，不足以弥补其碳损失。

值得注意的是，除了毁林（包括木材开采、轮植、永久性的农业和牧业利用）外，森林退化亦是一个值得注意的问题，不合理的伐木、砍伐和自然火灾使森林立地的结构、微气候及土壤都发生了变化，也将对全球碳平衡造成巨大破坏。据FAO统计，世界范围内森林退化的速度比毁林高几倍，因此森林退化应引起足够重视。

草原利用方式的改变　草原占陆地生态系统总面积的16.4%，碳贮量为308 GtC，占陆地生态系统的15.2%，其中92%

(282 GtC)贮存在土壤中。影响草原生态系统碳贮量的土地利用方式包括草地开垦和过度放牧。草地开垦后伴随的烧荒措施使原来固定在植被中的碳素全部释放到大气中;开垦则促进了土壤的呼吸作用,加速了土壤有机质的分解;多年生牧草被作物取代后使初级生产固定的碳素向土壤中的分配比例降低,收割又减少了地上生物量中碳素向土壤的输入。研究表明,草地开垦为农田后土壤中的碳素将损失 30%～50%。1850～1980 年间因开垦而导致的草原生态系统碳素净损失量约为 10 GtC。过度放牧使草地初级生产力降低,家畜采食减少了碳素由植物凋落物向土壤中的输入,而且可促进草地土壤的呼吸作用,从而加速碳素从土壤向大气的释放。譬如,内蒙古锡林河流域羊草草原的研究结果表明,40 年来过度放牧使表层土壤(0～20 cm)中碳的贮存量降低了 12.4%。

气候对碳收支的影响

众所周知,CO_2 作为一种主要的温室气体,其在大气中的大量累积引起温室效应,导致以全球气候变暖为标志的全球变化。一般认为,现代气候变化与人类活动有密不可分的关系,且对全球碳循环产生不容忽视的影响。Prentice 和 Fung (1990)关于 CO_2 浓度倍增的模拟研究表明,全球变暖,海平面上升,湿度增加,植被带发生迁移,如热带雨林和寒温带落叶阔叶林的面积增加,导致生物库和土壤库的碳贮量增加;沙漠、半沙漠寒温带常绿针叶林和冻原的面积减少,导致土壤碳库减少,但其减少量远小于前两者生物库增加的量。因此,极有必要定量评估气候变化对陆地生态系统碳通量的影响,以加深对全球变化以及全球碳循环的理解。

近百年来气候变化的主要特征 图 2.4 和 2.5 显示了基于英国气候研究组织(CRU)重建的 1901～1995 年间全球陆地 0.5°×0.5°气候资料的近百年气候变化特征(杨昕等,2002)。近百年来,全球陆地平均温度(图 2.4a)和降水量(图 2.4b)呈整体上升趋势。自 19 世纪中叶以来,全球平均地面温度上升了 0.6℃,而全球陆地降水则以平均每百年1%～2%的量级增加。降水与温度的上升趋势具有阶段性波动特点，如20世纪40年代～70年代中期，最主要的气候变化特征是平均温度的下降和降水量的增加，而此后的情况正好相反，温度急剧上升而降水量显著减少。因此，这两种不同的气候状况会对陆地生态系统的碳收支情况产生不同的影响。

从不同纬度带温度和降水的变化情况来看(图2.5)，最大的增温发生在中、高纬度地区。从温度和降水的依赖关系看，北半球中、高纬度地区的温度和降水的变化方向基本是一致的，即温度上升的同时降水也基本上是增加的；而热带及副热带低纬度地区的温度和降水的变化基本呈反相关(图2.5c～e)，即温度上升的同时降水基本上是减少的，近20年来这一关系变得更为清楚。这一现象可能与中、高纬度地区和低纬度地区受不同大气环流系统控制有关。

陆地生态系统净碳通量变化　杨昕等(2002)基于陆地碳循环过程和Miami模型建立了一个简单的陆地生态系统净碳通量模型，根据最新重建的1901～1995年间全球陆地0.5°×0.5°的气候资料模拟了近百年碳通量的时间变化和空间分布。

结果表明，20世纪40年代～70年代中期的气候条件(温度下降而降水增加)最有利于陆地生态系统的净碳吸收，而此后的情况(温度增加而降水减少)则不利于生态系统的净碳累积。近百年来的气候变化可能对陆地生态系统净吸收大气CO_2有重要贡献。

1931～1950年间南美的亚马孙地区及东亚和北美洲的东部为较明显的净碳吸收区；而欧洲的中、北部为一较强的碳源。这一期间的总的净碳吸收量为6 GtC约等于0.3 GtC·a^{-1}的碳通量。1951～1985年间的净碳通量的模拟结果表明，较明显的碳汇区出现在赤道地区(亚马孙及东南亚)、亚洲东部(特别是中国东部)及北美东南部；另外，南半球40°S以北的地区也是较明显的碳汇区。这35年间陆地生态系统吸收的碳约50 GtC，相当于1.43 GtC·a^{-1}

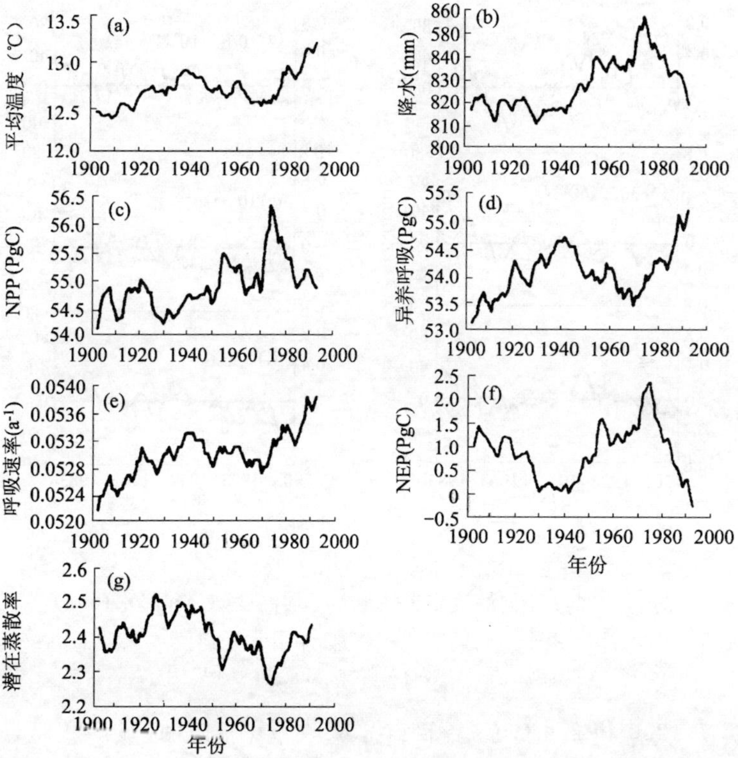

图 2.4　近百年来全球陆地(a)平均温度、(b)降水、(c)NPP、(d)异养呼吸、(e)呼吸速率、(f)生态系统的净碳通量(NEP)、(g)潜在蒸散率的时间变化

(5 年滑动平均结果)

(取自杨昕等,2002)

的净碳通量。1986～1995 年间总碳吸收量为 2 GtC,这表明最近 10 年来整个陆地生态系统似乎已经由明显的碳汇变成近中性甚至成碳源了。

研究还表明,1901～1995 年期间,整个生态系统吸收了 86.8 GtC,其中在 6 个纬度带(＞60°N,30°～60°N,10°～30°N,10°S～10°N,10°～30°S 和＞30°S)上的吸收量分别为 1.0,35.6,8.1,

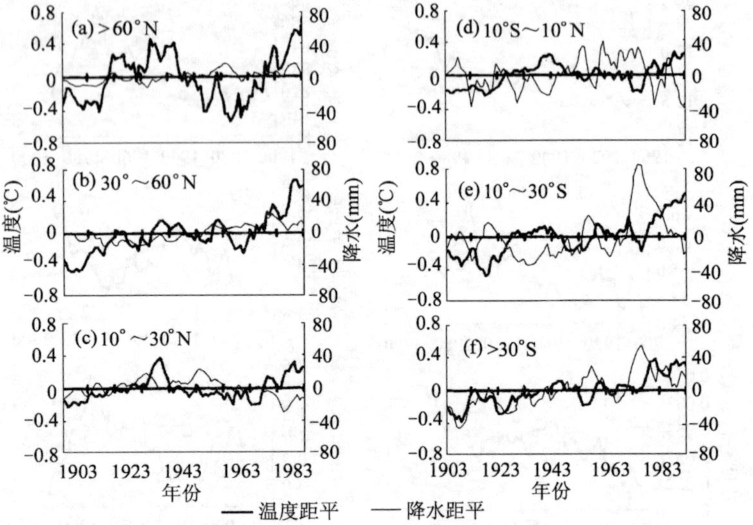

图 2.5　6 个不同纬度带上陆地年平均温度(℃)和降水(mm)距平随时间变化图(为 5 年滑动平均值)

(取自杨昕等,2002)

27.7,12.0 和 2.4 GtC,各自占总吸收量的 1%,41%,9%,32%,14%和 3%(图 2.6)。北半球中纬度地区(30°～60°N)及赤道地区(10°S～10°N)是两个最大的碳汇区,它们的和占总吸收量的 73%。南、北副热带地区为两个次碳汇带,各自占总吸收的 10%左右。而在 60°N 以北的高纬度地区,碳的吸收量很小。这主要是由于近百年来温度的增幅很大,呼吸作用释放的碳量增加较多的缘故。

图 2.7 为以上 3 个时段(1931～1950 年、1951～1985 年与 1986～1995 年)每隔 5 个纬度的净生态系统生产力(NEP)(即生态系统的净碳通量)的纬度分布图。1931～1950 年间,北半球各纬度带基本上为弱的碳净吸收;而在 1951～1985 年间,整个陆地生态系统为明显的碳汇,但不同纬度差别较大。其中,两个最大的碳

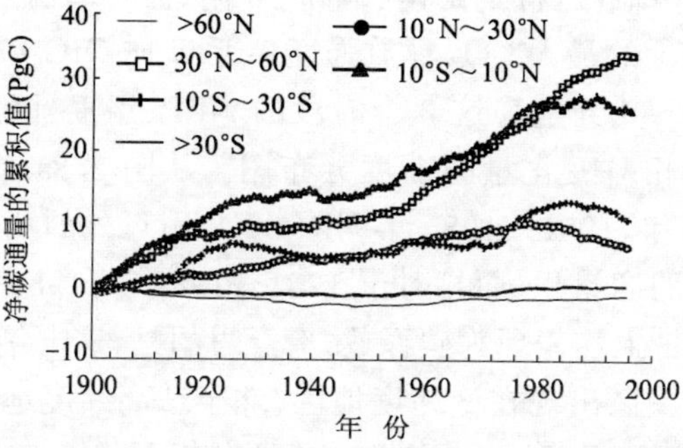

图 2.6 6个不同纬度带上生态系统的净碳通量累积值随时间的演变图

(取自杨昕等,2002)

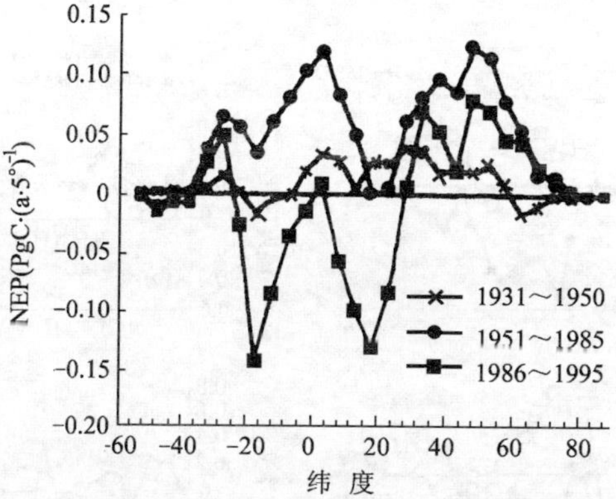

图 2.7 3个时段的平均 NEP(5个纬度)的纬度分布

(取自杨昕等,2002)

汇带在赤道地区及北半球的中纬度地区。5个纬度上的陆地生态系统平均净碳吸收量可达 0.1 GtC · a^{-1},而在南、北纬 20°附近为一净碳吸收量的低值区。大于 70°N 及小于 40°S 的地区由于陆地面积较小,碳的净通量也较小。而在 1986～1995 年间,低纬度

(25°S～25°N)地区,特别是南、北纬 20°附近为一较强的净碳释放带,5 个纬度上的最大 CO_2 释放强度接近 0.15 GtC·a^{-1}。

图 2.8a～d 分别为这 3 个时段的 NEP、温度、降水和潜在蒸散率的两两相对变化量的纬度分布图。从图 2.8a 可见,相对于 1931～1950 年,1951～1985 年间除 20°N 附近外的所有纬度带上均表现为碳的净累积;而相对于 1951～1985 年,1986～1995 年间在所有纬度带上均表现为碳释放。有意思的是,这十年间平均最大的碳吸收减少区出现在低纬度地区,北半球高纬度地区碳吸收也有所下降但强度并不大。因此,有必要分析引起 1986～1995 年与 1951～1985 年间碳通量差的原因(对 1951～1985 年间和 1931～1950 年间的变化可类似理解)。对比温度的变化(图 2.8b)可见,1986～1995 年平均温度比 1951～1985 年间要升高 0.2℃以上,其

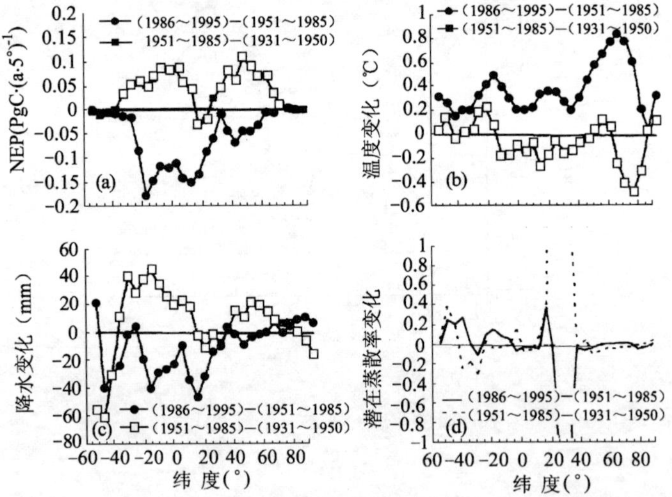

图 2.8　3 个时段的 NEP(a)、温度(b)、降水(c)和潜在蒸散率(d)的相对变化量随纬度的分布

(取自杨昕等,2002)

中最大的温度增加发生在北半球的中高纬度地区，在60°N附近最大增温在0.8℃以上。对比图2.8a和b可以发现，温度增加同NEP减小相对应(反比关系)。但一个很有意思的现象是，最大的增温区(如北半球的中、高纬度地区)并不是碳吸收量减小的最大区。产生这一现象的主要原因是降水的作用。土壤的呼吸作用对温度的变化非常敏感，特别是高纬度地区。因此，温度的增加应引起较强的碳呼吸释放。但从图2.8c上可以发现，北半球中高纬地区的降水在1986～1995年间并没有明显的下降，而低纬地区的降水却下降很大，这将降低植被NPP。因此，在低纬地区，如果温度升高而降水下降，则NEP降低就不难理解。从模拟结果不难发现，决定陆地生态系统碳通量变化的最主要因素不仅仅是温度，还有降水。温度对土壤呼吸作用的影响较大，而降水则直接决定生态系统的NPP。虽然温度和降水共同决定了生态系统的净碳通量，但似乎降水的影响更大一些，这可从降水与NEP间呈显著正相关得到证实(相关系数为0.72，$n=29$)。由图2.8a和d可见，潜在蒸散率和NEP间基本呈反相关关系，这表明潜在蒸散的增加将对应于生态系统碳吸收的减少。

从20世纪30年代以后的全球总碳通量变化来看，生态系统的净吸收碳主要发生在20世纪40年代～80年代(见图2.4f)。在此期间，陆地生态系统能够吸收大量碳的主要原因是20世纪40年代～70年代中期，平均气温明显下降的同时，陆地降水量却明显上升(图2.4a和b)。温度的下降将导致土壤呼吸作用的下降(图2.4d)。由于大多数植被的生长基本上是受降水限制的，因此降水的增加将提高植被的NPP(图2.4c)，导致碳库的输入量大于输出量，从而净吸收大气中的CO_2。温度和降水的综合作用决定了生态系统碳通量的方向和大小。NEP同潜在蒸散率间的负相关系数为－0.71，非常显著。

总体而言，20世纪40年代～70年代中期的气候条件将有利于碳的净吸收，而此后的情况则不利于生态系统的净碳累积。可以认为，气候变化对陆地生态系统的影响是导致碳吸收强度变化的一个主要原因。当然，一些决定陆地生态系统碳循环的因子(如土壤物理化学特性、营养状况等)并没有被考虑。

值得注意的是，以上评估的陆地生态系统的净碳通量并不是最终的准确结果，还有待于进一步完善，这是因为：

其一，简单统计模型本身的一些缺陷。其统计关系是在平衡状态下得到的，对显著气候变化的适应能力较弱。实际上，20 世纪 20 年代之前和之后整个气候状况是明显不同的。

其二，气候资料的问题。20 世纪初气象观测点很少，根据有限的资料外推得到的全球碳收支会产生很大问题。特别是降水，由于其空间分布变化很大，有效的外推范围较小，而该模式对降水是敏感的。

其三，CO_2 的施肥效应没有包括在所建模式中。由于 CO_2 浓度对 NPP 有很大影响，较低的大气 CO_2 浓度可能会降低 NPP 的输入量，从而降低土壤碳密度，亦即土壤碳含量。但这一因素似乎不是最重要的，因为大气 CO_2 浓度的变化是基本均匀增加的。Miami 模式对 NPP 的计算是以温度和降水独立预测 NPP 的最小值作为最终值，这一做法显然降低了温度的影响，因为大多数植被是受降水限制的，即使温度稍有变化，所计算出 NPP 值可能没有多大变化。所建立的计算土壤异养呼吸速率的公式中，降水的直接作用并没有像温度那样显式地表达出，而是以潜在蒸散率的形式间接起作用。由此可见，有关陆地碳收支尚有大量的工作要做。

小　结

总体而言，20 世纪 80 年代以来，矿物燃料燃烧和工业过程排放的 CO_2 估计为 6.3 $GtC \cdot a^{-1}$，土地利用变化引起的碳排放为 1.6 $GtC \cdot a^{-1}$，其中 3.3 $GtC \cdot a^{-1}$ 累积在大气中，海洋吸收 2.3 $GtC \cdot a^{-1}$。陆地植物的 NPP 估计为 62 $GtC \cdot a^{-1}$，但通过光合作

用吸收的这部分碳为土壤有机质和枯枝落叶层的分解所平衡。因此,全球碳循环存在一个 2.3 GtC · a^{-1}的"未知碳汇"。对于"未知碳汇"的猜测,20 世纪 70 年代末,有地球化学家假设,为了平衡全球碳循环,陆地生态系统随着 CO_2 浓度的逐渐增加,光合作用率增强。这种观点遭到生态学家的反对,这是因为首先植物光合作用率的提高除了与 CO_2 浓度有关外,还受水分供应、植物种类、营养物质等条件的限制;其次,植物可能适应大气的 CO_2 浓度,光合作用将恢复到原来水平或下降。

目前,很多学者估计"未知碳汇"存在于陆地生态系统。有人认为温带森林的再生、CO_2 施肥效应、氮沉降的施肥影响和气候变化(如温度升高、降水增加等)等其他地球过程平衡了碳循环。事实上,通过森林统计,温带森林再生被确认为是潜在的可产生 0.5 GtC · a^{-1}的碳汇。此外,有研究指出,幼龄林比老龄林或过成熟林具有更高的同化效率,能截留更多的 CO_2,因此加快对废弃地造林和再造林有利于增大碳汇。例如,利用热带地区的有利条件在适宜土地上发展工业林是一较好的兼顾环境与经济效益的策略。然而,这并不意味着破坏现有的自然林地使之变为人工种植林,因为皆伐使温度及水分条件发生的变化将导致土壤呼吸消耗在很多年内都超过幼年树木同化吸收的碳。一般的森林需很长的时间才能达到最大碳吸收力。比如,热带森林生物量达到最大碳吸收至少需要 150 年,温带森林则至少需要 200 年。此外,以红树林为主要类型的沿海生态系统是被遗漏的碳汇。据估计,沿海沉积物中的碳累积量为 0.41 GtC · a^{-1}。不过,陆地生态系统中的碳只是暂时被贮存,条件稍一改变,很容易又被释放。因此,陆地生态系统仅起着海洋吸收在时间上(几十年到 100 年)的缓冲剂作用,也就是说,海洋才是人类排放的 CO_2 的最终归宿。

减少大气中 CO_2 的积累,归根到底需要人类自己去努力。一方面,各国政府应制定能源节省方案,提倡使用清洁能源;另一方面,要注意分析影响土地利用变化的社会经济因素,制定科学的土地利用政策。此外,发展中国家的森林破坏在很大程度上是因人口增长引起的,如热带地区在1980～1995年有41%～48%的森林皆伐归因于人口增长。因此,控制人口增长也是促进碳循环平衡的有效途径之一。

第三章

陆地碳通量观测方法

陆地碳通量的观测方法主要有3类:箱式法、微气象法与化学法。目前,国际上流行的是开放式涡相关观测方法,而在实际应用中箱式法是常用方法(李克让等,2002)。

箱式法

根据箱内气体与外界有无气体交换的关系,箱式法又分为静态箱式法与动态箱式法。

静态箱式法

静态箱式法　般用密闭箱扣在被测表面并密封,箱内空气与外界没有任何交换,定量测定箱内被测气体浓度随时间的变化,从而根据定义求取被测表面该种气体的通量。

箱体一般用有机玻璃做成,面积一般为0.5 m×0.5 m。箱体高度取决于测定表面,对于土壤呼吸作用一般为15 cm,对于植物群落的观测取决于植物的高度,原则上不超过1 m。箱体内装有温度计和湿度计,同时装有小风扇以保证箱内气体充分均匀混合。观测时,采样箱或者直接插入土壤2～5 cm,或者扣在已插入土壤2～5 cm深度的不锈钢底座上，并用蒸馏水密闭，以保证箱体内气体与外界没有任何交换。被测气体浓度可采用气相色谱法（或红外气体分析仪，或光合作用测定系统）测定。其优点是造价低、机动性强、精度高；其不足主要表现在测定环境受人为干扰，与自然状态不同，且测定面积较小，不能反映空间异质性。

动态箱式法

动态箱式法是针对静态箱式法对于被测表面扰动的不足而设计的。其原理是在静态箱相对的两个侧面各开一个孔，两孔高度不一，一般差5 cm，以避免造成箱内气体的直接对流，且尽量保证一定流量（流量大小应尽量使箱内外气压一致以保证箱体内近地面层空气状况不受明显干扰为准）的气体平稳地流过被测表面，通过测定箱体进出口处的被测气体浓度就可计算被测气体通量。

动态箱式法在一定程度上克服了静态箱式法的不足，但要保证箱内外气压一致较为困难，且动态箱法必须在野外测定，为保证被测气体在通量较低时测量的准确性，对测量仪器的精度要求也较高。

微气象法

微气象法指通过测量近地面层的湍流状况和被测气体的浓度变化计算被测气体通量的方法，主要包括涡相关法、能量平衡法、空气动力学法和质量平衡法。与箱式法相比，微气象法要求测量仪器灵敏度高、响应快、可连续操作，可测定较大范围的气体通量平均值，在一定程度上避免了箱式法密闭系统引起的误差；持续时间长，可获得气体排放的长时间变化特征。

涡相关法

涡相关法通过测量一定高度上垂直风速脉动和被测气体浓度

的脉动，计算两者的乘积求得被测气体在该高度的通量。该方法在气体垂直扩散率较大，且温度、湿度和被测气体浓度的垂直梯度很小，而相应的垂直速度变化很快时，测量结果较为可靠。其优点是测量精度高，且不要求涡度扩散系数和大气稳定性的校正，或风速垂直廓线形状假定。但是，该方法价格昂贵，要求传感器的响应时间较短，通常为 0.1～1 s，而且要求被测下垫面均匀、被测气体浓度的水平梯度可忽略不计、观测期间大气条件稳定。

能量平衡法

能量平衡法是根据大气边界层能量平衡方程和相似理论确定被测气体通量的方法，最早应用于水分与热通量测定。该方法适用于风速较小、近中性且下垫面均一的较潮湿大气条件，对于平流较强以及大气干燥状况的测定结果较差，而且对测量湿度、温度、被测气体浓度以及净辐射的传感器的精度要求较高。

空气动力学法

空气动力学法是通过测量被测气体表面近地面层(亦称为常通量层，其高度主要取决于测点上风方向的水平均匀区的尺度，一般为水平尺度的 0.5%)不同高度的空气动力学特征(风速、温度、湿度和被测气体浓度)，进而根据梯度计算方法计算能量与物质输送的方法。

空气动力学法需要至少两个高度的测量，克服了能量平衡法在干燥大气条件以及平流较强时测量精度较差的不足，但该方法要求下垫面均一、被测气体浓度的水平梯度可忽略不计，而且对测量湿度、温度和被测气体浓度的传感器精度的要求较高。正因为如此，该方法在风速较小时测量误差较大。

质量平衡法

质量平衡法是假定被测气体从某一排放区毫无损失地通过测

点所在的垂直平面，在上风方向一定范围内进入大气的该被测气体量与下风方向该范围内出去的该被测气体量相等，进而根据测定排放区域下风方向一定垂直高度范围内的平均风速和被测气体平均浓度的垂直分布来求取被测气体的通量。

质量平衡法适用于被测气体本底浓度较低，而排放通量较大的小区观测。其理论基础简单，不需要涡相关法和空气动力学法要求的大面积均匀下垫面，同时又能覆盖较大的面积，改善了箱式法难以解决的空间异质性。

化 学 法

化学法主要是通过化学反应对 CO_2 的吸收进行间接测定 CO_2 通量的方法，如碱液吸收法。

碱液吸收法

碱液吸收法主要用于测定土壤呼吸作用。其原理是将一定浓度的碱液（如 NaOH，克分子浓度为 1.0 N）装入开敞的玻璃罐瓶中，放置在测定的土壤表面上，用一个上端密闭的金属圆桶罩住，下端嵌入土壤中至少 2 cm。金属桶一般 50 cm 高，直径 25 cm。为避免阳光直接照射，可用布、木板遮住，或外表镀上反光的铝箔。当 CO_2 从土壤表面释放出来时被保持在圆桶内直到扩散被碱液吸收。达到测定时间后（一般为 24 h），取走碱液，未反应的部分通过滴定确定，减去这一部分即得到被碱液吸收的 CO_2 量。此方法在世界各地各种草地生态系统土壤呼吸的研究中被广泛应用。

除上述方法外，拉格朗日法和遥感方法等也应用于气体通量测量，特别是遥感方法由于其时间连续性好、覆盖范围广而越来越受到重视，具有较好的应用前景。

第四章

陆地碳通量特征

土壤呼吸作用和全球碳循环

地球碳含量约 1×10^{8} GtC，主要分布如下：

- 地壳中地质生成物(9.0×10^{7} GtC)；
- 溶解的海洋碳酸盐(38 000 GtC)；
- 气体水合物，主要是 CH_4 水合物(10 000 GtC)；
- 矿物燃料(4 000 GtC)；
- 陆地生物圈(550 GtC)；
- 土壤(1 200 GtC)；
- 大气圈(750 GtC)。

在工业革命以前，自然系统和生物地球化学循环一直使这些碳库处于动态平衡中，但自工业革命以来的人类活动(如森林毁坏、农业活动、矿物燃料的燃烧等)导致了碳库之间的极大改变。据估计，矿物燃料燃烧向大气释放的碳量约 6.3 GtC · a^{-1}，森林破坏和其他土地利用所引起的释放碳量 1.6 GtC · a^{-1}。但这些释放到大气中的 CO_2，只有约 3.3

GtC · a^{-1}(47%)的碳滞留在大气中,2.3 GtC · a^{-1}(29%)被海洋吸收,其余 2.3 GtC · a^{-1}(24%)则去向不明。这部分丢失的碳很可能是被北温带地区陆地生态系统中的碳汇所接纳。这种由人类活动引起的碳循环紊乱导致了大气 CO_2 浓度的日趋升高,引起了世界各国对全球变暖及其引起的全球环境问题的关注。全球土壤仅在表层就含有大约 1 200 GtC,是大气中的 2 倍。因此,全世界土壤中碳贮存量的增加将有助于缓和 CO_2 的进一步人为释放,而土壤 CO_2 的释放则会加剧大气中 CO_2 浓度的增高,进一步加剧全球气候变化,引起全球环境的恶性循环。

土壤呼吸作用

碳以 CO_2 的形式从土壤向大气圈的流动是土壤呼吸作用的结果。土壤呼吸作用,严格意义上讲是指未受扰动的土壤中产生 CO_2 的所有代谢作用,包括 3 个生物学过程(植物根呼吸、土壤微生物呼吸及土壤动物呼吸)和一个非生物学过程(含碳物质的化学氧化作用)。研究表明,土壤呼吸作用释放的 CO_2 中约 30%~50% 来自根系的活动或自养呼吸作用,其余部分主要源于土壤微生物对有机质的分解作用,即异养呼吸作用。全球土壤呼吸作用的碳的估计量为 68~100 Gt · a^{-1},约是输入土壤表层新鲜岩屑数量的 2.3~3.3 倍,仅次于全球陆地总初级生产力(GPP)的估算值 100~120 Gt · a^{-1},而高于 NPP 的量值 50~60 Gt · a^{-1},是全球碳循环的一个主要流通途径。

土壤呼吸作用即使发生较小的变化也会等于或超过由于土地利用改变和(或)矿物燃料燃烧而进入大气的 CO_2 年输入量。所以,土壤呼吸作用的变化能显著地减缓或加剧大气中 CO_2 的增加,进而影响气候变化。全球变暖将有利于增强土壤呼吸作用,释放出更多的 CO_2,将进一步加剧全球变暖的趋势。尽管土壤呼吸作用的全球通量较大,但是在人类干预之前陆地植物和土壤吸入与呼出的碳是接近平衡的,然而正是由于包括土壤破坏在内的人类

活动所产生的 CO_2 对大气 CO_2 浓度的上升和可能的全球变暖起着重要的作用。因此,更好地理解土壤呼吸作用和它的各个环节,特别是控制土壤有机质分解作用的因素极为关键(李玉宁等,2002)。

土壤呼吸作用通常是通过直接测定从土壤表面释出的 CO_2 量来确定的。早在 20 世纪 80 年代以前就已经开始了土壤呼吸作用的测定。目前的测定方法主要有:静态气室法、密闭或敞开系统的动态气室法、CO_2 浓度梯度法和微气象法。但是,不同方法的测值存有相当大的差异,至今还缺乏全面的可对比性研究。已知的影响土壤呼吸作用速率的重要因素有:

- 温度;
- 土壤湿度;
- 植被和基层质量;
- NEP;
- NPP 在地上地下的相对分配;
- 地上植被和地下动植物区系的种群和群落动力学;
- 土地利用和(或)扰动方式(如火)。

毫无疑问,来自土壤的 CO_2 通量与植物生长密切相关,植物生长为分解者提供有机残留物。当有机碳加入到土壤中时,土壤呼吸作用速率增大。对全球主要生物群落的研究表明,土壤呼吸作用速率和 NPP 之间存在正相关关系($R^2=0.87$)。土壤呼吸作用速率在热带潮湿森林地区最高(可达 1 260 $gC \cdot m^{-2} \cdot a^{-1}$);而在寒冷和干旱气候地带则最低(例如,苔原约为 60 $gC \cdot m^{-2} \cdot a^{-1}$)。在活根系呼吸作用占总呼吸作用比例已知的情况下,可根据土壤有机碳存贮量和土壤呼吸作用速率计算出土壤中碳的平均滞留时间。假设活根系呼吸作用量占 30%,各种生态系统中土壤有机质的平均滞留时间介于 10 年(热带草原)与 500 年(苔原、沼泽和湿地)之间。全球陆地土壤有机碳的总平均滞留时间为 32 年。

研究表明,可将土壤有机碳区分为两个具有不同更新时间的碳库：

- 靠近土壤表层由新鲜残留物组成的“小”碳库。它更新速度快，流通量大。
- 贯穿整个土壤深层剖面的由难以分解的腐殖质复合物组成的“大”碳库。其更新十分缓慢。

据放射性^{14}C含量的测定，不同深度土壤有机碳的平均滞留时间或更新时间在10～10 000年之间，且随深度而增加。因此，在研究土壤CO_2通量变化时，必须特别注意土壤表层附近的不稳定碳库的变化。人为扰动或全球变暖引起的土壤CO_2通量释放的增大主要源于具有最短更新时间的不稳定碳库。例如，温带森林土壤的CO_2年生产量中有83％是仅为15 cm的表层土壤提供的。

大气CO_2和全球温度升高对土壤呼吸作用的影响

若其他变量保持不变，大气中CO_2的增高(增强植物生长)将会导致更多的植物碎片进入土壤，其中小部分未被分解使土壤成为大气CO_2的一个汇。另一方面，大部分土壤中的微生物群落是受有机物的可利用量所控制的。这就是说，高CO_2浓度下的植物生长可以增加土壤中额外的碳，但是其中的大部分很可能通过微生物的分解作用(异养呼吸)，又以CO_2的形式返回到大气圈。然而，在寒冷地带，例如北方森林，低温将会大大抑制分解作用，有利于大量的有机碎片聚积在土壤中。

由于地球温度因温室效应而上升，全球土壤也随之变得更热，特别是高纬度地区。除了一些沙漠地区外，土壤呼吸作用将随着温度升高而增强。而植物的根呼吸作用对温度升高尤其敏感，几乎所有全球气候变化模型都认为全球变暖将会导致土壤中碳的下降。研究表明，土壤碳的最大流失见于热带地区，特别是土壤深部“大”碳库具有明显较快的更新时间；而寒冷气候环境的土壤对气候变暖的响应最大。因此，随着全球变暖，最大的土壤碳流失将会发生在北方森林和苔原地区，那儿有最大的易变化的有机物贮存和预计最大的温度上升。这些地区土壤中 CO_2 的大量释出又将加剧地球大气的温室效应。

大气 CO_2 和全球温度同时上升将对土壤呼吸作用产生重要影响。热带雨林有高的 NPP 和湿热条件,但是热带地区土壤的碳含量却比北方地区土壤的碳含量少得多。全球生物群落的土壤有机质贮存与 NPP 之间的关系极其微弱(图 4.1),表明植物碎片的大量输入未必导致土壤有机质的大量聚积。事实上,在分解者受到其他因素(例如,温度)限制的地方,土壤有机质才会聚积起来。随着地球不断变暖,分解作用受温度限制的地区将逐渐减少,土壤将日益成为 CO_2 进入大气的一个重要的源。

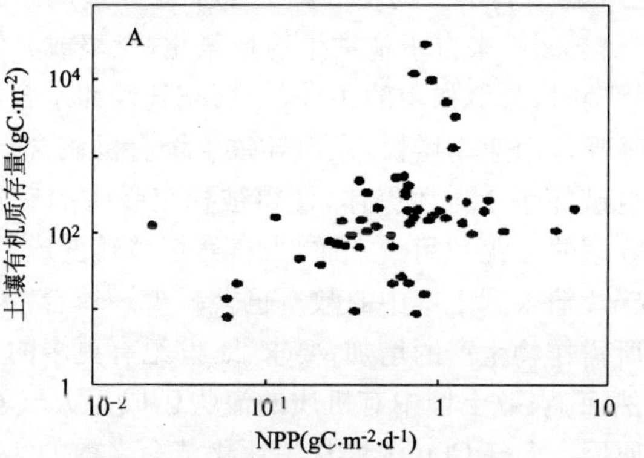

图 4.1　全球生态系统中土壤有机质存量与 NPP 的关系

(转引自李玉宁等,2002)

研究还发现,同时暴露于高 CO_2 浓度和较温暖条件下的苔原土壤是一个小的碳汇;而在干旱的灌丛带和旱生林地土壤呼吸作用将会发生最大的绝对变化,这些地区由于土壤中的分解作用受到温度和湿度的联合限制,植物 NPP 越高,就有可能将越多数量的有机质留在土壤中。因此,正确合理的土地管理将可能使干旱地带土壤起到 CO_2 汇的作用。

碳截留和免耕作对土壤呼吸作用的影响

地球土壤含有大约1 200 Gt的碳，是地表陆地上最大的碳库，比地球植被中贮存的碳含量(550 GtC)约大1.2倍。全球的作物农业(不包括放牧地)面积约为17亿hm^2，其土壤碳贮量为170 Gt，约占世界土壤碳总储量的14%。

全球土地利用变化资料表明，在过去的两个世纪里，陆地生态系统排放的碳量占人类活动释放CO_2总量的一半。据估算，全世界在1850～1980年期间因土地利用变化而导致的CO_2释放总量为120 GtC，年释放量由1850年的0.4 GtC·a^{-1}增加到1990年的1.7 GtC·a^{-1}；其中大约1/3释放量来自开垦所致的土壤有机质流失，其余2/3则来自于植物生物量氧化(燃烧或分解)。当土壤受到耕作扰动时，分解作用的条件(土壤充气性和水含量)被改变，引起土壤呼吸作用速率增快，从而导致土壤有机质含量下降。

耕作也破坏了土壤团聚体，使得被稳定吸附的有机质暴露而加速其被分解的过程。另一方面，当自然植被转变成农业用地时，新鲜植物碎片输入到土壤中的数量也会减少。随着世界人口的不断增长和所需作物生产的增加，要求21世纪有更多的土地面积用于耕作。然而，农业土壤中有机质的流失已成为大气CO_2升高的一个重要原因。大气CO_2浓度从工业化革命之前的280 ppmv(相当于594 GtC)上升到现今的360 ppmv(相当于763 GtC，增加约169 GtC)。在过去进入大气圈的这些人为释放的CO_2中有大约50 GtC是由耕作土壤中有机碳的矿物化所释放的。全球从耕作土壤中流失的碳在20世纪80年代已高达0.8 GtC·a^{-1}。因此，加强和改进土壤管理，通过合适的管理实践来增加农业土壤中的碳贮存和缓和大气CO_2上升是一项重要而艰巨的工作。

在农业土壤中，减少CO_2净释放和增加土壤碳贮存是同等意义的，这一过程称做碳截留。增加土壤的碳贮存意味着要增加碳输入量和(或)减少土壤异养呼吸作用。要增加土壤中有机残留物的输入量，应当做到在提高 NPP 的同时，维持或增加返回到土壤中的 NPP 比例。通常，大多数农业活动所考虑的提高 NPP，重点是放在增加收获量(食物、饲料或燃料)而不是作物残留物之上。

土壤碳含量的高低受植物残留体的碳输入与主要由分解作用引起的碳流失之间的平衡关系的控制。因此，有关碳截留(增加碳)的土壤管理过程就可直接理解为增加残留物输入量和(或)减少分解速率(即异养呼吸作用)。降低农业土壤中 CO_2 释放量的管理措施之一是减少或免除土壤耕作。土壤扰动最小的耕作实践是免耕作，也称为零耕作或直接播种。传统耕作(使用犁)有损于土壤构造，增加团聚体被破坏的敏感性。研究表明，当将传统耕作转变为免耕作之后，土壤团聚体的数量和稳定性有明显增加，从而减少了团聚体内部有机质的分解作用，而且免耕农业与传统耕作相比，有机质的平均滞留时间增加了约 1 倍。

不仅如此，当实施免耕农业后土壤有机质的流失亦减少。据估算，美国普遍采用免耕技术后，在当年能截留 0.28～0.45 GtC。而当耕作土壤被恢复到自然植被时，土壤的碳截留速度将达到最大。

小　结

土壤呼吸作用是全球碳循环中重要的流通途径，土壤呼吸作用的变化将显著地影响大气 CO_2 浓度。控制土壤呼吸作用将能有效缓和大气 CO_2 的升高和温室效应。而大气 CO_2 升高本身将使土壤有机质增加，但其中的大部分又通过微生物分解作用返回到大气圈。只有在分解作用受温度限制的地区碳才能被截留和得以聚集，使土壤成为 CO_2 的汇。全球温度升高将使分解作用受温度限制的地区(比如，北方森林和苔原地区)减少，扩大了全球土壤呼吸作用的范围，加快了 CO_2 从土壤中的释放，使土壤日益成为 CO_2 进入大气的源。大气 CO_2 和全球温度升高的联合作用则将使土壤呼吸作用加剧，加快碳从土壤中的释放。土壤受耕作扰动时，土壤团聚体将被破坏，分解条件亦将被改变，从而引起土壤呼吸速率加快，导致土壤有机质下降。大量实践证明，实行免耕作将有利于延长碳在土壤中的平均滞留时间，减少有机质流失，能有效缓和大气 CO_2 的升高和温室效应。

CO_2 通量

全球碳循环主要是以 CO_2、CH_4 与 CO 形式在大气、海洋以及包括植物和土壤的陆地生态系统等不同碳库之间流动。陆地生态系统是一个土壤-植被-大气相互作用的复杂系统，其内部各子系统之间及其与大气之间存在着复杂的相互作用与反馈机制，从而使得陆地生态系统中的碳循环具有最大的不确定性。正因为如此，陆地碳通量的研究受到研究者的高度重视。在此，我们将就不同生态系统（森林、草原、湿地和农田）中 CO_2、CH_4 与 CO 的产生过程与排放量进行概述，以增进对碳循环的理解。

森林 CO_2 通量特征

森林碳排放增加的原因主要在于森林植被的破坏以及森林土壤有机碳的分解。陆地植被与大气之间碳交换的 90%以上是由森林植被来完成的，因此森林在全球碳循环中起着十分重要的作用。1850～1987 年间，温带森林和热带森林的大量砍伐（尤其是热带森林）导致的碳排放估计为 115 GtC。

森林通过光合作用吸收大气中的 CO_2 形成光合物质并把它贮存起来，森林固定 CO_2 的速率与森林生物量的增长率呈正比，而森林的采伐和利用则是 CO_2 的释放过程。对华北暖温带森林土壤呼吸作用的研究表明，平均土壤呼吸作用强度约为 0.10～0.66 $g \cdot m^{-2} \cdot h^{-1}$，并具有一定的季节变化，其中有林地（包括成林地和幼林地）的碳排放明显地低于无林地或采伐林地。因此，森林植被对于减缓碳排放具有重要作用，但是森林火灾、森林开垦则会在较大程度上增加碳排放。

土地利用变化对森林碳排放影响较大。据估计，截至 1998 年已有 750 Mhm^2 的森林转化为农田，1980～1995 年的 15 年间每年有 13 Mhm^2 的热带森林转化为农田，80%～90%的森林地上生物量被直接燃烧或用做薪材，释放出大量 CO_2 气体。

CO_2 是引起全球气候变化的最重要的温室气体。监测 CO_2 在陆地生态系统中的吸收与排放过程和浓度变化规律可以明确陆地生态系统在全球碳循环过程中的作用及其对气候变化的贡献。土壤是大气 CO_2 的一个重要的源或汇，据估计森林土壤中的碳占全球土壤有机碳的 73%。因此，土壤，特别是森林土壤在全球碳平衡中起着非常重要的作用。占地球陆地面积很大比例的森林土壤不仅是 CO_2 重要的源，而且养育着地球上最大的碳贮存库——森林。因此，精确地测定森林土壤与大气之间的 CO_2 交换，进而通过人为调节来减少其释放或促进其吸收具有重要的理论和现实意义。

受气候因子及土地利用方式的影响，森林土壤呼吸作用差异较大，但土壤呼吸作用对于树种与林型的响应不明显。表 4.1 给出了温带地区北京西山、妙峰山地区北京林业大学教学实验林场森林土壤呼吸作用。3 种典型林地均为侧柏或侧柏、油松混交林。可以看出，同一地点不同林地土壤的 CO_2 排放量平均值为 285.36～287.12 $mg \cdot m^{-2} \cdot h^{-1}$，差异不大（孙向阳等，2001）。

表 4.1 不同林地的土壤呼吸作用

林地类型	平均值 ($mg \cdot m^{-2} \cdot h^{-1}$)	变化范围 ($mg \cdot m^{-2} \cdot h^{-1}$)	样本标准差	标准误差	变异系数 (%)	样本数 (个)
造林地	287.12	−15.84～966.24	216.42	20.18	75.4	115
幼林地	285.36	−284.19～1 136.75	258.36	24.09	90.5	115
成林地	286.19	−341.03～1 193.59	270.11	25.18	94.3	115

资料来源：孙向阳等，2001。

一般认为,土壤中CO_2主要来源于土壤微生物对有机质的分解活动和植物根系的呼吸,而这两个过程均与土壤有机质含量和温度有关。有林地虽然有机质含量较高,但温度变化平缓。研究地区森林土壤CO_2排放量变动在$-341.03\sim1\,193.59\ mg\cdot m^{-2}\cdot h^{-1}$(表4.1),变异系数较大,且最大值$1\,193.59\ mg\cdot m^{-2}\cdot h^{-1}$和最小值$-341.03\ mg\cdot m^{-2}\cdot h^{-1}$均出现在成林地。这是因为,尽管有林地由于枯落物较多、有机质含量较高,在适宜的条件下有机质分解会释放出较多的CO_2,但另一方面由于有机质吸附等作用,有林地也会吸收较多的CO_2。

不同林地类型之间土壤呼吸作用的年均值无显著差异,它们在一年中不同季节的变化趋势也基本相似。一般而言,冬季、春季最低,夏季最高,秋季次之。但不同季节的土壤呼吸作用却有较大差异。在土壤较干旱的春季和初夏,土壤呼吸作用表现为:成林地<幼林地<造林地。而在水分较充足的雨季和秋季,成林地的土壤呼吸作用则相对较高。

森林土壤呼吸作用的日动态 气候因子的日变化会引起土壤呼吸作用的变化。据孙向阳等(2001)的研究,雨季(7月和8月)的土壤呼吸作用明显地高于其他时间(图略)。这表明雨季的高温和高湿有利于土壤呼吸作用和根系呼吸作用。同时,林地土壤呼吸作用在7,8和9月份均表现为上午明显高于下午,可能是因为上午随着日出引起的温度上升引起,而下午由于持续高温,土壤微生物活动逐渐减弱,导致土壤呼吸作用减弱。在下午14时,土壤呼吸作用有一个排放低谷。其他季节成林地的昼夜土壤呼吸作用变化趋势相对平缓,这可能是由于林冠及枯落物的缓冲作用所致。造林地和幼林地的土壤呼吸作用的日动态与成林地的土壤呼吸作用变化趋势相似,但变化稍剧烈。

森林土壤呼吸作用的季节动态 土壤呼吸作用因受气候因子的影响而表现出季节特征。孙向阳等(2001)对3种林地土壤呼吸作用的研究表明,3种林地土壤呼吸作用的季节变化比较明显、且变化趋势基本相似(图略)。从1月到早期生长季前期(3～6月)土壤呼吸作用逐渐上升,但趋势比较平缓,其中,6月值还略低于5月值;7～8月达到一年中的最高值;9～10月逐渐下降;冬春季11～4月的值最低且相对稳定。森林土壤呼吸作用的季节动态与该地区的降水量密切相关,因为该地区一般冬春季干旱、4～6月气温升高,与土壤干旱共同作用导致在6月初侧柏及油松的蒸腾强度略有下降,进而引起植物根系生理呼吸活动的下降。7月进入雨季后,土壤及大气湿度增加,土壤呼吸及微生物活动加强,土壤呼吸作用也随之达到最高。

土壤呼吸作用是土壤代谢功能的综合反应,主要由3个生物学过程(即土壤微生物的呼吸作用、植物根系的呼吸作用和土壤动物的呼吸作用)以及一个非生物学过程构成,其中植物地下根系的呼吸作用可达50.5%。而根呼吸作用速率的年变化规律表现为春季呼吸作用速率开始上升、至夏季到达最高,秋季开始下降,冬季最低。这也是造成森林土壤呼吸作用变化趋势的原因之一。

不同林地土壤呼吸作用的季节变化说明,在水分不足的上半年,成林地的土壤呼吸作用低于幼林地土壤呼吸作用,而幼林地土壤呼吸作用又低于造林地土壤呼吸作用。而在水分比较充足的雨季和秋季,则成林地土壤呼吸作用高丁幼林地和造林地的土壤呼吸作用,而后两者则变化较小,且随时间的变化互有高低,表明水分对不同林地的土壤呼吸作用起着关键作用。因土壤呼吸作用在很大程度上是树木生理活动的结果,因此干旱季节对于灌草丛发育旺盛的造林地和年龄尚小的幼林地的树木限制较小,而对生长高大的林木则起着较大的限制作用。当水分充足时,成熟林木的生理活动最旺盛。此外,成熟林地土壤的特点是枯落物和有机质含量较高,而只有在适当的水分条件下枯落物和有机质才能达到较高的分解速率,这显然也是造成雨季和秋季林地土壤呼吸作用较高的原因。

林地土壤碳排放与环境因子的关系　土壤碳排放主要来源于

有机质的矿化作用和植物根系及微生物的呼吸作用，是一个复杂的生物化学过程，土壤温度、湿度则是影响土壤碳排放的主要环境因子。此外，气压也影响土壤的碳排放。孙向阳等(2001)分析了温带地区森林土壤碳排放与主要环境因子——土壤温度、土壤湿度、空气温度、空气湿度和大气压的关系。造林地土壤呼吸作用与土壤温度关系较紧密，其中与 20 cm，15 cm，10 cm 处土壤温度的相关系数分别为 0.58，0.55 和 0.50；幼林地的土壤呼吸作用主要与 15 cm，20 cm 和 10 cm 土壤温度及表层土壤含水量关系较密切，相关系数分别为 0.28，0.28，0.27 和 0.26；成林地的土壤呼吸作用主要与 15 cm，20 cm，10 cm 处土壤温度及表层土壤含水量关系密切，相关系数分别为 0.46，0.45，0.40 和 0.39，与幼林地相似。这表明，造林地由于受植被影响较小，相对裸露，土壤呼吸作用受外界环境因子的影响要大于有林地。

林地土壤呼吸作用与各环境因子的单因子回归系数较小，表明森林土壤呼吸作用受多个环境因子的共同作用。多元逐步回归分析结果表明，造林地土壤呼吸作用与 20 cm 处土壤温度、大气相对湿度及气压有良好的复相关性；幼林地土壤呼吸作用与土壤表层含水量、气压和 20 cm 土壤温度的交互作用有一定的相关；成林地土壤呼吸作用与土壤 10 cm 和 20 cm 处温度、气温及气压关系紧密。一般认为，土壤温度和大气湿度主要影响微生物的活动和土壤的呼吸作用，而气压则影响土壤中 CO_2 向大气中的扩散，因而成为土壤呼吸作用的主要限制因子。

从相关系数来看，近于裸露的造林地土壤呼吸作用更易受环境因子的影响，而有林地则可能同时受枯落物厚度、有机碳含量、土壤颗粒组成及其他物理性质的共同作用。

草地 CO_2 通量特征

全球草地面积约占陆地总面积的 25%，超过 3.0 Ghm^2，是全球陆地生态系统的主要类型之一；同时，草地生态系统也是当前人类活动影响最为严重的区域，其生物地球化学循环对全球碳循环有着重要的影响。

我国草地资源丰富，总面积达 392 Mhm^2，主要分布于 28°～50°N，是世界草地生态系统的重要组成部分。其中，羊草草原是我国最为珍贵的一类自然草地资源，生产力高，草质好，适于刈割、适口性强，是我国温带最主要的草场及放牧基地。羊草草原作为欧亚大陆草原区亚洲中部亚区东部特有的一类根茎禾草草原，在我国中温带草原系统中起着极为重要的作用。它广泛分布于我国的内蒙古高原东部和东北松嫩平原，占世界羊草草原总面积（约 42 Mhm^2）的一半左右。

我国位于地球环境变化速率最大的东亚季风区。就其环境本身而言，具有空间上的复杂多变性、时间上的易变性；就其对外界变化的响应和承受力而言，具有敏感和脆弱的特点。我国又处于经济高速发展、人口压力剧增（养育着世界 1/5 的人口）的时期，人类活动对环境的扰动显得尤为突出。这造成了我国的生态环境具有复杂多变、敏感脆弱和受人类活动影响强烈三个主要特点，并将对主要分布于中国的欧亚温带草原区东缘的地带性羊草（*Leymus chinensis*）草原产生严重影响。更为重要的是，目前我国的温室气体排放已占全球的 11%，成为第二排放大国，在国际环境外交大战的今天，不能不引起高度重视。

草原生态系统区别于森林等其他陆地生态系统的特点之一就是它不具有固定而明显的地上碳库，其碳素贮量绝大部分集中在地下土壤中，而实际上草地生态系统碳循环的主要过程也是在土壤中完成的。因此，草地土壤呼吸作用是理解草地生态系统碳循环的重要环节。

在全球各类草原中，单位面积温带草原的碳贮量约为热带草原的 2～4 倍。因此，温带草原存在较强的碳排放潜力。一般而言，草地土壤 CO_2 排放存在明显的日动态（图 4.2）。对于典型的羊草草原而言，白天碳排放大于晚间，最大值出现在中午 12:00 左右，最小值出现在凌晨03:00左右。不仅如此,草原土壤碳排放也表现出明显的季节动态:暖季碳排放多,冷季碳排放少。

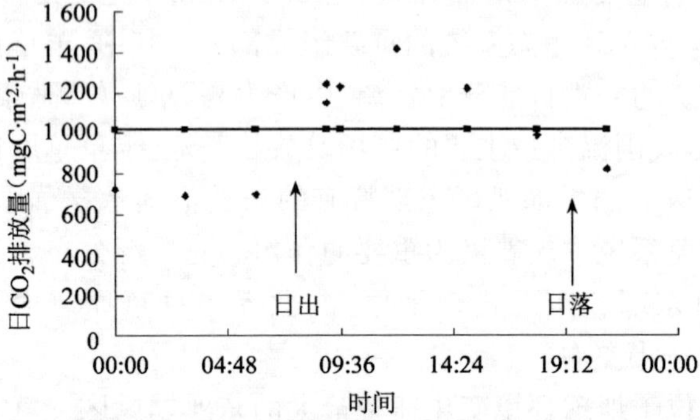

图4.2 羊草草原土壤碳排放日动态(1998年7月22～23日)

不同的草地类型与土地利用方式下的土壤呼吸作用 图4.3给出了不同的草地类型与土地利用方式下的土壤呼吸作用。典型羊草草原的土壤呼吸作用最大,其次为草甸草原、大针茅草原,干草原的土壤呼吸作用最小。而不同草原类型的年降水分别为>450 mm(草甸草原)、300～350 mm(羊草草原、大针茅草原)和<200 mm(干草原)。这表明,土壤呼吸作用不仅与环境因子有关(如降水变化),也与草地类型密切相关。土地利用变化对于草地的土壤呼吸作用也有重要影响。开垦草甸草原较草甸草原的土壤呼吸作用为大(图4.3)。但是,放牧对于草原土壤呼吸作用的影响则不肯定,放牧导致大针茅草原土壤呼吸作用增大,但却引起羊草草原的土壤呼吸作用减少。因此,草地土地利用方式的变化未必导致日均土壤呼吸作用增加,草原土壤呼吸作用的变化可能与土地利用的方式及草地类型有关。

环境因子对草原土壤呼吸作用的影响 羊草草原的瞬时土壤呼吸作用与空气温度呈线性关系(图4.4,$R^2=0.79$,$n=10$)。可是,不同类型草地与土地利用方式下的瞬时土壤呼吸作用与温度

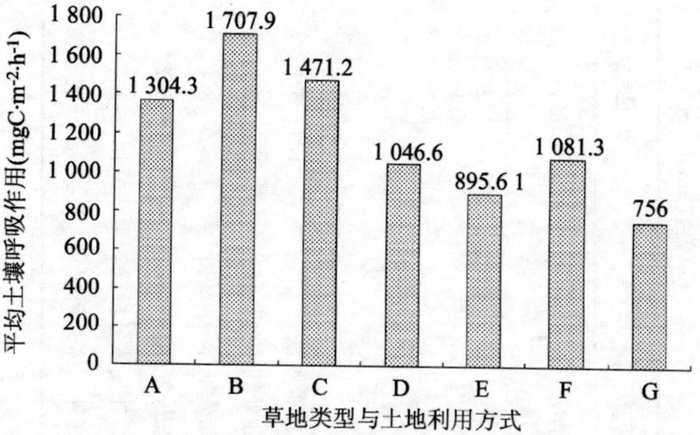

图 4.3　不同类型草地与土地利用方式下的土壤呼吸作用

(A:草甸草原;B:开垦草甸草原;C:羊草草原;D:放牧羊草草原;

E:大针茅草原;F:放牧大针茅草原;G:干草原)

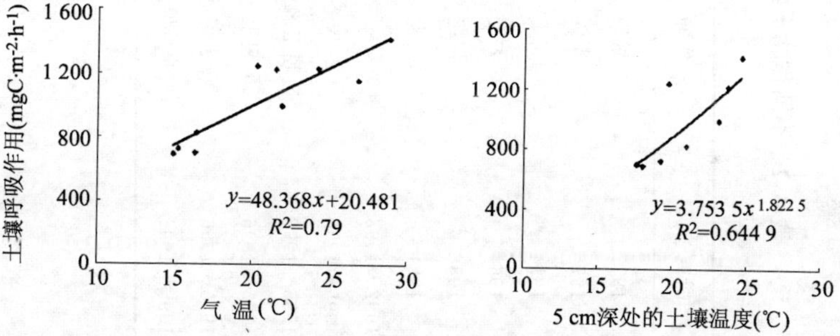

图 4.4　羊草草原瞬时土壤呼吸作用与温度的关系

的关系并不完全相同,也就是说,温度是影响草地土壤呼吸作用的重要因子之一,但土壤呼吸作用与温度的关系还受到草地类型及其土地利用方式的影响。

羊草草原的日土壤呼吸作用则受到温度与水分的共同作用(李凌浩等,2000)。可是,陈四清等(1999)对大针茅草原土壤呼吸作用的研究表明,0～20 cm 土壤含水量是大针茅草原土壤呼吸作用的主导限制因子。尽管羊草草原与大针茅草原的年均降水量差

表 4.2　不同作物下农田土壤的碳排放

（单位：($\mu mol \cdot m^{-2} \cdot s^{-1}$)）

研　究　者	时间	作物	测 定 方 法	碳通量
Brown 和 Rosenberg	1971	甜菜	空气动力学	2.7
Kanemasu 等	1974	高粱	开放箱、抽气法	25.2
Kanemasu 等	1974	高粱	开放箱、送气法	3.2
Monteith 等	1964	大麦	密闭箱	4.3
Nakayama 和 Kimball	1988	棉花	密闭箱	4.0
Parkinson	1981	大麦	密闭箱	2.5
陈素英等	1992～1993	小麦-玉米	隔离膜-碱液吸收法	1.1～5.0
刘允芬等	1995～1996	冬小麦	静态箱与红外气体分析仪	2.5～10.5
刘允芬等	1995～1996	覆膜玉米地	静态箱与红外气体分析仪	3.0～8.8
刘允芬等	1995～1996	未覆膜玉米地	静态箱与红外气体分析仪	3.2～5.2
刘允芬等	1995～1996	春小麦地	静态箱与红外气体分析仪	4.5～7.7
刘允芬等	1995～1996	油菜地	静态箱与红外气体分析仪	8.6～10.7

资料来源：李克让等，2002。

不多，但这两类草原的日土壤呼吸作用与环境因子的关系并不相同，也许对水分变化敏感的植被盖度可能解释土壤呼吸作用对温度与水分的响应。

农田 CO_2 通量特征

农田生物蓄积量较小，农田植物吸收大气 CO_2 产生的有机物均在很短的时间内以各种方式氧化释放到大气中，因而单纯农田本身的 CO_2 吸收与排放对大气 CO_2 浓度的影响较小。但在农田土壤中，由于作物根系呼吸作用及土壤微生物活动等多方面的原因，土壤中 CO_2 浓度的增高约为大气 CO_2 浓度的 10 倍左右。因此，土壤-植被-大气系统中 CO_2 浓度的梯度仍将引起 CO_2 从农田土壤向地球大气的排放。

在各种环境因子中，热量（如气温、地温）、水分（如土壤水分）是影响农田 CO_2 排放的主导因子；此外，不同耕作方式，如耕作深浅、松土深浅、是否秸秆还田等，均对农田 CO_2 的排放产生重要影响。表 4.2 列出了不同作物下农田土壤的碳排放。

CH_4 通量

就碳贮量和流量而言，CH_4 循环是全球碳循环中较次要的组成部分，大气中 CH_4 的浓度为 1.75 ppmv，每年进入大气中的各种来源的 CH_4 在 $10^{12}\sim10^{14}$ gC · a^{-1}范围内。CH_4 是大气中在化学和辐射方面都很活跃的成分，但 CH_4 浓度的增加直到 20 世纪 80 年代才引起人们的关注。冰芯资料与观测资料显示大气中的 CH_4 在过去 200 年来已经有明显增加的趋势，只是近些年增加得更快（图 4.5）。全球关于 CH_4 的系统观测始于 20 世纪 80 年代，图 4.6 给出了 20 世纪 80 年代以来全球大气 CH_4 浓度的变化。可见，大气 CH_4 尽管表现出季节和年际变化，但总体上表现出逐年增加的趋势。

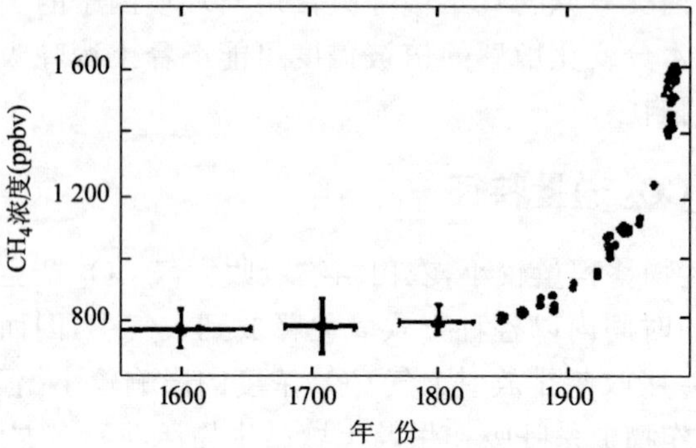

图 4.5 大气 CH_4 浓度的变化①

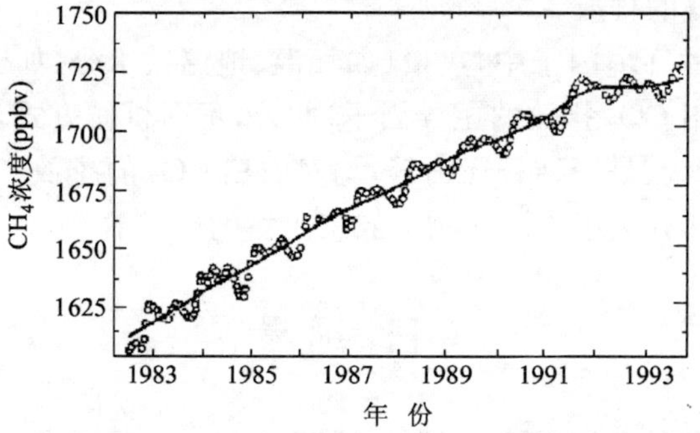

图 4.6 20 世纪 80 年代以来全球大气 CH_4 浓度的变化

目前,大气中 CH_4 的净积累量为 30 Tg · a^{-1},全球各种 CH_4 库的总量为 4 960 Tg,约 3～3.7 GtC。目前,大气 CH_4 浓度以年均 1%的速度增加,每个 CH_4 分子对全球温室效应的贡献约是 CO_2 分子的 25 倍。因此,大气 CH_4 浓度增加对 21 世纪全球气候变化

① ppbv,即 part per billion in volume(体积的十亿分之一)。1 ppbv＝1× 10^{-9}。

将有重大影响。

一般认为，人类活动引起大气 CH_4 增加的主要原因是水稻田和食草家畜。从大气中 CH_4 的源和汇（表 4.3）可知，自然水草地和水稻田是大气 CH_4 的主要源地。

表 4.3　大气 CH_4 的源和汇

	每年释放量(Tg)	
	平均	量值范围
CH_4 源		
天然湿地（沼泽、苔原等）	115	100～200
水稻田	110	25～170
动物肠道发酵物	80	65～100
沼气池等	45	25～50
生物氧化（燃烧）	40	20～80
白蚁	40	10～100
填埋的废渣	40	20～70
煤炭开采	35	19～50
海洋	10	5～20
池塘	5	1～25
CH_4 水合物的不稳定	5	0～100
CH_4 汇		
土壤的清除作用	−30	−15～45
与大气中 OH 基的反应	−500	−400～600
净增量	44	40～48

家畜和野生草食动物以及白蚁消化道内厌氧微生物对食物分解产生的肠胃气是大气 CH_4 的重要来源之一。草食动物产生的 CH_4 约 78 $Tg \cdot a^{-1}$，而人类的 CH_4 释放量约为 1 $Tg \cdot a^{-1}$。人类活动对大气 CH_4 的直接影响主要是通过矿物燃料生产、使用以及废弃物处理。根据对大气中 CH_4 的 ^{14}C 年龄推断，由于煤炭、天然气的开采和使用向大气释放的 CH_4 量占每年全球释放 CH_4 总量的 15%～20%。吸收或消耗大气 CH_4 的主要汇是在大气中 CH_4 与羟

基(OH)的反应,每年约有 445 Tg 的 CH_4 通过该反应从大气对流层中移去。由于其在大气中的平均滞留时间为 9 年,每年约有 40 $TgCH_4 \cdot a^{-1}$进入平流层,并在那里由相似的化学反应消耗掉,同时产生 CO_2 和水汽。

大气 CH_4 的源主要分布在北半球。CH_4 浓度季节振荡较大,在仲夏季节最低;而在南半球 CH_4 大都为自然释放,其浓度主要受OH 控制,CH_4 的季节变化规律性较强。这表明陆地生态系统在 CH_4 循环中起着重要作用。

森林 CH_4 通量特征

关于森林生态系统 CH_4 的排放研究很少。一般而言,森林植被下的土壤均是 CH_4 的汇,并且不同森林类型和土壤类型对 CH_4 的吸收量存在一定的差异(表 4.4)。

表 4.4　不同类型森林生态系统的 CH_4 排放

排放源	通量 ($\mu g \cdot m^{-2} \cdot h^{-1}$)	通量均值 ($\mu g \cdot m^{-2} \cdot h^{-1}$)	年排放值 ($kg \cdot hm^{-2} \cdot a^{-1}$)
阔叶红松林/山地暗棕色森林土	−72.56～2.09	−22.22	−0.90
云冷杉林/山地棕色针叶林土	−58.35～−18.47	−37.80	−1.36
岳桦林/山地生草森林土	−55.22～−2.14	−23.28	−0.75
高山苔原/山地苔原土	−33.91～−6.42	−16.63	−0.52

资料来源:李克让等,2002。

土地利用方式的变化对森林 CH_4 汇强度影响较大。森林生态系统具有吸收大气中 CH_4 的作用,但是森林开垦为农田后,土壤对大气 CH_4 的吸收能力几乎消失。森林砍伐亦可减弱森林 CH_4 汇的强度,甚至可使森林变成 CH_4 排放的弱源。

草地 CH_4 通量特征

各种草地类型下 CH_4 的排放通量均为负值(表 4.5),亦即草地生态系统是 CH_4 的汇。放牧不会改变草原作为 CH_4 汇的本质,只能影响 CH_4 汇的强度,中、低放牧强度较重度放牧降低幅度大(表 4.6)。

表 4.5　各种草地类型下 CH_4 的排放通量

观测时间	CH_4 排放通量($\mu g \cdot m^{-2} \cdot h^{-1}$)	植被类型
1998	−43.25	内蒙古锡盟羊草草原
1998	−45.11	内蒙古锡盟大针茅草原
1998	−34.30	内蒙古锡盟羊草放牧地
1998	−39.44	内蒙古锡盟大针茅放牧地
1998	−64.10	内蒙古锡盟草甸草原
1998	−39.15	内蒙古锡盟干草原
1995	−27.16	内蒙古锡盟羊草草原
1995	−50.97	内蒙古锡盟大针茅草原
1995～1996	−1.29～−21.25	拉萨高寒草原
	−37.63～−74.38	内蒙古乌盟温带草原

资料来源:李克让等,2002。

表 4.6　1995 年不同放牧强度下草地 CH_4 的排放通量

放牧强度	通量($\mu g \cdot m^{-2} \cdot h^{-1}$)	通量均值($\mu g \cdot m^{-2} \cdot h^{-1}$)
低度放牧	−54.58～5.27	−21.42
中度放牧	−36.39～−6.44	−21.62
重度放牧	−43.17～−19.06	−23.13
不放牧	−47.76～−16.99	−28.85

资料来源:李克让等,2002。

湿地 CH_4 通量特征

湿地指自然的或人工的、长久的或暂时的沼泽地、湿原、泥炭地或水域地带,或静止或流动,或为淡水或为半咸水体或为咸水体者,并包括低潮时水深不超过 6 m 的水域,是介于陆地生态系统和水生生态系统之间的一种地表景观。从全球范围看,湿地主要集中于北部高纬度地带和热带地区,全球湿地 CH_4 排放通量约为 100～200 $Tg \cdot a^{-1}$,约占全球 CH_4 排放总量的 22%左右,其中寒温带湿地占 34%,温带湿地占 5%,热带湿地占 60%左右。我国湿地类型繁多、分布广。天然湿地主要包括沼泽、泥炭地、湿草甸、浅水湖泊、高原咸水湖泊、盐沼和海岸滩涂等类型,总面积约 2 500 万 hm^2,约占国土面积的 2.6%;人工湿地主要包括稻田、池塘等,面积约为 3 800 hm^2。我国从寒温带到热带,从沿海到内陆,从平原到高原山区都分布有湿地,占世界湿地面积的 11.9%,占亚洲湿地面积的 20%以上(包括自然湿地和人工湿地),仅次于加拿大、美国、俄罗斯,居世界第四位。表 4.7 列举了不同自然湿地类型 CH_4 排放强度的变化。据估计,中国自然湿地的 CH_4 年排放量约为 1.7 Tg。

表 4.7　自然湿地 CH_4 平均排放率

湿地类型	CH_4 排放率($mgC \cdot m^{-2} \cdot d^{-1}$)
酸沼(bog)	11(1～38)
水湿地(fen)	60(21～162)
沼泽(swamp)	63(43～84)
沼地(marsh)	189(103～299)
水淹地(flood plain)	75(37～150)
湖(lake)	32(13～67)

资料来源:林而达、李玉娥,1998。

值得注意的是,在广大的冻原地区,生物生产量虽然很低,但由于寒冷分解受到限制,其土壤含碳密度最高,其次是沼泽、湿地生态系统,因水分过多限制了分解。这些生态系统每年约有 30%～40%的 NPP 被贮存在泥炭层中。当环境条件发生变化(如温度升高，沼泽、湿地排水等），则这些地区生态系统的 CH_4 排放量将会大大增加。如湿地土壤消耗 CH_4 的最适温度为 20～30℃，40℃时吸收程度则大大减弱。

表 4.8　湿地 CH_4 排放的空间差异

研究地点	生境类型	通量均值（$g \cdot m^{-2} \cdot d^{-1}$）
美国明尼苏达	泥炭沼泽	0.337
加拿大安大略	各种沼泽	0.048
	河狸塘	0.29
美国弗吉尼亚	湿地	0.002 76
	河狸塘	0.25
	沼泽内小溪	0.30
亚马孙河流域	积水森林	0.14
	湿草地	0.17
	空旷水面	0.02
美国乔治亚	盐沼	0.001 48
美国波多黎各	红树林	0.001 1
美国加利福尼亚	盐沼	0.000 365
	潟湖	0.002 16
	淡水湖	0.13
	稻田	0.18
日本	稻田	0.085
意大利	稻田	0.38
中国青藏高原	潮湿高寒草甸	0.004 431
	沼泽化草甸	0.010 05
	杉叶藻沼泽	0.045 94
	毛柄水毛茛沼泽	−0.000 28
中国	华南稻田	0.01
	华中稻田	0.32
	华东稻田	0.58
	西南稻田	0.73
	北方稻田	0.24

注：本表据李克让等（2002）改编。

湿地 CH_4 排放具有较大的时空差异。湿地 CH_4 排放具有明显的季节变化：夏季和秋季大于春季和冬季，在冬季甚至会出现负排放。但湿地 CH_4 排放的日变化规律却较复杂，有时夜间高于白天 2 倍甚至一个数量级，有时却是白天大于夜间。湿地 CH_4 排放的空间差异也较大(表 4.8)。湿地 CH_4 排放受地下水位、湿地植物 NPP、土壤的氧化还原电位 Eh、pH 值、土壤温度、C/N 比等因子的影响。

湿地管理对于 CH_4 排放具有重要影响。排水和填土造成的湿地破坏可使 CH_4 的排放量减少，湿地的排水和变干最后可使湿地由 CH_4 源转变成 CH_4 汇。如加拿大魁北克的温带泥炭地区 CH_4 排放量为 $-5\sim7\ mg\cdot m^{-2}\cdot d^{-1}$，而附近积水沼泽则 CH_4 排放量较大。种植作物的土壤不能吸收 CH_4，湿地土壤中施用无机氮肥和有机肥也会显著降低湿地土壤吸收 CH_4 的能力。

农田 CH_4 通量特征

土壤中 CH_4 是土壤中的有机物在厌氧条件下被各类细菌发酵分解形成的低碳有机酸(如乙酸等)、H_2 和 CO_2 经产 CH_4 细菌的作用转化而产生的。产生 CH_4 的土壤生态系统包括巨大冻土带、沼泽地带、水稻田、湖泊、池塘和泥潭的沉积物以及盐碱滩、河口湾、沙质咸水湖等。农田生态系统中水田是 CH_4 的主要排放源，而旱田不仅 CH_4 排放量小，而且在大多数情况下还氧化消耗大气中的 CH_4，成为大气 CH_4 的汇。

中国是一个稻谷生产大国，水稻田是我国粮食生产的主要农业土地利用类型之一。中国的水稻种植面积约占世界水稻面积的 22%，仅次于印度，居世界第二位。因此，中国的水稻田是中国最主要的 CH_4 排放源。基于 IPCC 方法估算的我国水稻田 CH_4 排放量为 $14.4\ TgCH_4\cdot a^{-1}$。

表 4.9 我国部分稻田土壤 CH_4 平均排放通量

地点	时间	水 稻	通量($mg \cdot m^{-2} \cdot h^{-1}$)
杭州	1987～1989	早 稻	7.80
		晚 稻	28.60
乐山	1988	单季稻	41.60～89.90
	1989	单季稻	42.73～58.74
	1990	单季稻	61.53～92.03
	1991	单季稻	67.45～80.69
	1992	单季稻	44.72～58.50
南京	1990	单季稻	2.63～14.34
北京	1990	单季稻	14.60～48.90
	1991	单季稻	2.60～20.40
	1992	单季稻	1.90～10.00
桃源(湖南)	1992	早 稻	2.98～9.92
		晚 稻	3.18～18.79
天津	1992	单季稻	3.92～10.26
苏州	1992	晚 稻	4.32～5.31
		单季稻	3.20～6.22
沈阳	1992	单季稻	0.20～11.00
广州	1995	早 稻	0.21～12.28
		晚 稻	0.14～32.93
重庆	1995	单季稻	5.78～19.53

资料来源:李克让等,2002。

表 4.9 是我国水稻田土壤 CH_4 排放通量的田间观测结果。这些试验研究遍布我国的五大水稻产区:华南滇南水稻区、华中水稻区、长江中下游水稻区、西南水稻区以及北方水稻区。可以看出,我国各地区水稻田观测结果存在较大的差异性,个别地区之间通量测定结果甚至相差 1～2 个数量级,这其中除了各观测仪器和观测方法存在一定误差外,更重要的是因为稻田土壤 CH_4 的排放受多种环境因素的影响。在各种因素的综合影响下,不同地区稻田 CH_4 的排放量、排放的日变化和季节变化形式都存在着一定的差异。一

般说来,稻田土壤CH_4排放主要随着土壤温度变化、水稻品种、肥料管理与水管理等因素的不同而不同。

温度效应 稻田CH_4的日均排放量与日平均气温无明显的相关关系。气温对CH_4排放总量的影响取决于其与日照时数、云量等多种环境因子以及水稻品种等的配合情况,并无明显的影响规律。受气温变化的影响,我国稻田CH_4排放有明显的日动态,呈4种类型:下午最大值型、夜间至凌晨出现排放最大值型、一天内下午和晚上出现两次最大值型,以及特殊型(特殊天气条件下出现的CH_4排放类型)。土壤温度对土壤CH_4的排放与氧化也有十分重要的影响。研究表明,当温度从20 ℃增加到25 ℃时,CH_4的排放量增加了1倍。CH_4的产生过程对温度非常敏感,其活化能为123~271 kJ·mol^{-1},Q_{10}=5.3~16 (Q_{10}为温度每增加10 ℃,反应速率增加的倍数)。土壤温度影响着CH_4产生过程中产CH_4菌的生长、土壤中微生物的活性、土壤中微生物种群变化、CH_4的氧化作用等各个过程。

水分效应 水是影响稻田CH_4排放的决定性因子。土壤含水量主要通过影响土壤通气状况、土壤氧化还原状况、土壤中微生物的活性以及土壤中CH_4向大气的扩散等方面来影响CH_4的产生与排放。由于CH_4产生要求厌氧环境,且要求氧化还原电位≤-300 mV,因此改变稻田的灌水状态可以调节土壤的氧化还原电位状态,从而影响稻田CH_4的排放。研究表明,土壤的常年淹水可导致稻田排放大量的CH_4,而冬季排水种植旱作物则会使稻田土壤的氧化还原电位升高,土壤环境不利于产CH_4细菌的存活,从而使CH_4的排放量大幅度下降。深水灌溉(10 cm)、深浅干湿交替、间歇灌溉、冬季落干晒田以及稻田垄作等水分管理方式亦会使稻田土壤CH_4排放量显著低于冬季淹水的常规水深土壤。需要注意的是,间歇灌溉时间间隔不宜过短,以3日为间隔的间歇灌溉对CH_4减排效果并不明显。表4.10(李克让等,2002)列举出了不同水分管理下的土壤CH_4排放。

表 4.10　不同水分管理下的土壤 CH_4 排放

地点		水分管理方式	甲烷排放率($mg \cdot m^{-2} \cdot h^{-1}$)	与常规水深比较
湖南	1992 早稻	常湿润	3.1	53%
		间歇灌溉(3 d)	5.4	92%
		常规水深(3 cm)	5.9	100%
		深灌(10 cm)	3.0	51%
	1992 晚稻	常湿润	5.5	45%
		间歇灌溉(3 d)	13.6	111%
		常规水深(3 cm)	12.2	100%
		深灌(10 cm)	15.8	130%
江苏	1990	常规水深	10.8	100%
		垄作	6.6	61%
	1992	常规水深	19.8	100%
		垄作	12.6	64%
北京	1990	常规水深	48.9	100%
		间歇灌溉	14.6	30%
	1991	1. 常规水深	20.4	100%
		1. 间歇灌溉	18.0	88%
		2. 常规水深	10.0	100%
		2. 间歇灌溉	8.7	87%
		旱田耕作	2.6	26%
	1992	1. 常规水深	23.9	100%
		1. 间歇灌溉	15.8	66%
		2. 常规水深	8.5	100%
		2. 间歇灌溉	3.6	42%
		旱田耕作	2.2	26%
四川	1992	常规水深	86.2	100%
		垄作	44.7	52%

施肥效应 由于稻田 CH_4 来源于厌氧条件下有机物质产 CH_4 菌的分解，因此施入有机肥、含碳化肥（如尿素、碳铵等）将导致 CH_4 排放增加的物质条件。化肥的施用对于土壤 CH_4 的排放与吸收的影响由于受到其他因子的作用，结论不尽相同，甚至相反。施用硝态氮肥和硫酸盐肥料均会抑制淹水土壤中 CH_4 的生成与排放；施用腐熟度较高的沼渣、KCl、复合肥以及氧化硅粉等也均对 CH_4 的排放有一定的抑制作用。肥料的施用方式也会影响 CH_4 的排放量，如尿素的浅施或表施将会增加 19％的 CH_4 排放量，而尿素的深施则会降低 40％左右的 CH_4 释放量。施肥量的大小也在一定程度上影响着稻田 CH_4 的排放量。各施肥处理中 CH_4 排放量的大小大体为化肥＜沼渣肥＜化肥和有机肥混施＜有机肥。尽管施用化肥对稻田 CH_4 排放的减排效果最好，但长期施用化肥又会对土壤及生态环境产生较大的影响。所以，大力发展沼渣肥，同时实行化肥和有机肥混施是减少稻田 CH_4 排放的好方法。

一氧化碳

相对于 CO_2 和 CH_4 而言，CO 并不是一种十分重要的温室气体。大气中 CO 浓度较低（45～250 ppbv），其在大气中的滞留时间约 2 个月。北半球 CO 浓度一般是南半球的 3 倍多。CO 的平衡主要取决于人类活动的释放量，由此产生的 CO 量约占每年 CO 释放总量的 2/3，这些活动集中在北半球。目前，大气 CO 浓度正以 1％～2％的速度增加，主要是由于矿物燃料燃烧和作为 CH_4 氧化产物的 CO 生成的增加。但 CO 浓度从 20 世纪 90 年代初开始下降，与大气中其他温室气体，特别是 CH_4 的增加变缓有关。

CO 具有如下特征：

- 在大气中 CO 主要来源于矿物燃料和生物物质的燃烧等人类活动，在大气中呈现明显的地域分布，南半球为 40～60 ppbv，北半球为 70～200 ppbv（表 4.11）。

表 4.11　大气 CO 源汇强度

源或汇	流量($TgCO \cdot a^{-1}$)
源	
矿物燃料燃烧	300～550
生物量燃烧	300～700
植被	60～160
海洋	20～200
甲烷氧化	400～1 000
NMHC 氧化	200～600
释放量合计	1 800～2 700
汇	
与 OH 反应	1 400～2 600
平流层破坏	100
土壤吸收	250～640
汇量合计	2 100～3 000

- 在大气中滞留的时间较短，约 60～90 天，主要受 OH 基控制。
- 与 CH_4 相似，大气 CO 也是一种化学活性物质，能引起其他化学过程的变化，从而影响大气的其他成分，尤其是影响 O_3 浓度。具体而言，就是 CO 通过与 O_2 的氧化过程生成 CO_2，表示如下：

$$CO + 2O_2 \longrightarrow CO_2 + O_3$$

少量 CO 可由植被吸收，但主要的 CO 汇是在大气中 CO 与 OH 反应。由于 CO 与 OH 反应形成 CO_2 的速度很快。因此，CO 在许多全球碳循环平衡中包括在 CO_2 流量之内。由矿物燃料燃烧直接释放的 CO 量约占其总释放量的 5%，由生物质燃烧释放的 CO 量可占其释放总量的 15%。

CO 对红外线辐射的吸收较有限，其对于地球温室效应的影响是间接的，主要在于可减缓大气中 CH_4 的光化学分解。更重要的是，CO 在控制大气对流层的 O_3 水平中起着十分重要的作用。

热带南美与非洲地区大气中高的 O_3 浓度与这些地区森林火烧产生 CO 有关，因为 CO 与 OH 反应可生成 O_3。据估计，约有 3%的植被 NPP 以 CO 或挥发性碳氢化合物形式损失，后者在大气中被氧化为 CO。

第五章

全球碳循环的模拟研究

碳元素在自然界的循环过程中,不仅包括沉积过程等上千千米以上的大范围过程,也包括植被的光合作用、呼吸作用等微尺度过程(图5.1)。因此,对碳循环的研究既有涉及基于细微结构考察的精细碳源汇分布及收支的研究,也有基于全球尺度、时间尺度较长考虑的生物圈、海洋、大气之间的碳循环模拟,一些研究还包含了人类活动的影响。通过碳循环的模拟研究可以较详细地给出地球系统各圈层中碳的交换过程及其产生的影响,从而了解地球系统各圈层之间的相互作用和人类活动的影响程度。鉴于碳循环的特征,近年来许多研究将生物过程与大气、海洋、岩石圈和日-地空间等更大范围的地球物理过程联系起来,试图从整体上来研究碳循环过程,一些研究甚至考虑了复杂的化学过程,特别是大小营养物和污染物的生物化学过程,并将它们与其他动力过程相结合进行研究。

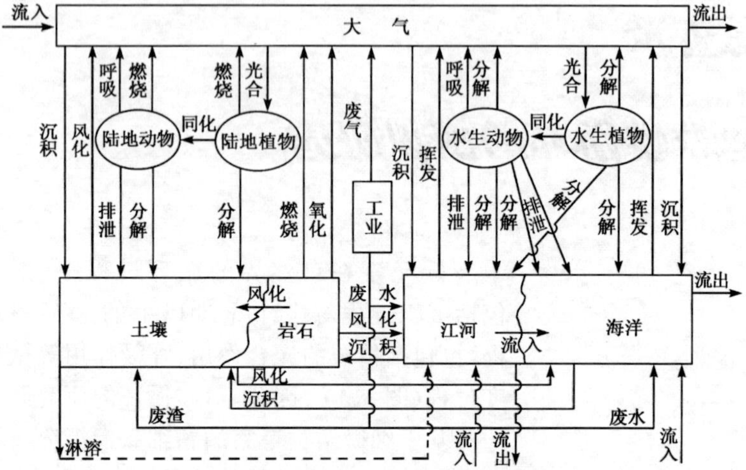

图 5.1 碳元素在自然界循环模型流程

(取自叶笃正等,1992)

大气碳循环模型

碳是组成地球生命物质的最主要的元素之一。大气中的 CO_2 是生物体碳元素的主要来源,植物通过光合作用将大气 CO_2 合成为有机物质,固定在植物体内,作为食物时,被人和动吸收,在生物间传递。因此,大气作为 CO_2 和 O_2 的源和吸收器是地球生物存在的基础。碳通过生物过程、溶解过程在地球系统中的大气圈、生物圈、水圈、岩石圈之间交换,直接和间接地对气候变化起作用。CO_2 对气候变化产生的直接影响是温室效应,大气中的 CO_2 及其他微量气体对红外辐射有很强的吸收能力,它们可以吸收地球发出的长波辐射,同时也会向地面发射一部分长波辐射,使地表加热。由于在大气中 CO_2 的含量较多,因而 CO_2 是目前最主要的温室气体。研究表明,由于大气 CO_2 含量增加造成的温室效应,可以导致大气气温、海水表面温度升高，海水盐度发生变化，从而影响降水和土壤湿度。碳循环对气候变化的间接影响是通过生物圈对气候的调节作用。大气中 CO_2 的含量对生物体能量转换和碳循环过程都有较大的影响。大气 CO_2 增加将会促进大多数植被的生长，由于各种植物受其影响的程度不相同，这会导致植被种类和陆地生态系统发生改变，农业生产格局、森林分布、陆地植被以及海洋、极冰圈、冻土带等也将随之发生变化，从而影响气候变化。

工业革命以后，随着人类矿物燃料燃烧和滥伐森林等行为的加剧，大量有机碳作为人类活动的废弃物，从岩石、有机体和土壤中以 CO_2 形式不断地进入大气中，大气圈中 CO_2 含量剧增，加剧了温室效应，引起气候和生态的变化。因此，大气中 CO_2 的变化及其源汇分布、大气圈碳循环动力机制，以及碳循环与气候系统的相互作用成为当今气候变化中十分重要的研究内容，是深入了解碳循环在整个地球系统内作用过程的重要组成部分。

目前，大气圈碳循环的模拟研究在国际上仍处于起步阶段，大气圈碳循环的模拟方法大致可分为两种：动力学模式方法和统计方法（李绚丽、谈哲敏，2000）。

动力学模式方法

目前的数值模式方法主要考虑的是大气-海洋-生物系统中碳循环的动力学过程，估计人为 CO_2 排放的贡献，尤其是矿物燃料燃烧排放到大气中的 CO_2 对地球气候系统的气候效应。1956 年 Plass 最早采用数值模式方法定量研究了 CO_2 增加所引起的气候效应，指出若 CO_2 加倍，全球气温将上升 2.5℃。在后继的研究工作中，各研究由于选择的模式不同，考虑的侧重点不同，得到的结论也有所差异。早期的模式一般都较简单、粗糙，存在种种局限。随着研究的深入，生物、化学等过程逐渐加入到模式中，使模式更加复杂、详细。到目前为止，用于大气圈碳循环模拟的模式主要可分为：辐射对流模式（RCM）和能量平衡模式（EBM）。

辐射对流模式 太阳辐射是大气运动的最直接能量来源。就年平均而言，地气系统吸收的太阳能与其射出的长波辐射非常接近，从而使得地气系统中的辐射能量近似平衡。但是，一些物理因子可能改变这种辐射能量平衡，进而引起气候变化，这些因子被称为辐射强迫，其中最重要的就是温室气体浓度的变化。因为温室气体对地面发射的长波辐射的吸收很强，同时自身又能向地面发射长波辐射，使地面温度升高。因此，通过辐射的变化可以研究温室气体对气候的影响，并考察各种温室气体对气候强迫变化贡献的大小。

大气的任一高度上，全球年平均的短波、长波辐射通量与对流形成的热通量可以是平衡的，这样整个大气层就可以形成一个定常的垂直温度廓线。辐射对流模式就是在此理论基础上建立的。若不考虑对流活动，只考虑纯辐射能交换，对于某一给定高度的温度净变化可表示为(李绚丽、谈哲敏，2000)：

$$\left(\frac{\partial T}{\partial t}\right)_{\mathrm{rad}}=\left(\frac{\partial T}{\partial t}\right)_{\mathrm{IR}}+\left(\frac{\partial T}{\partial t}\right)_{\mathrm{s}}$$

式中$\left(\frac{\partial T}{\partial t}\right)_{\mathrm{IR}}$表示长波辐射冷却率，$\left(\frac{\partial T}{\partial t}\right)_{\mathrm{s}}$表示短波辐射加热率，下标 rad 表示由于辐射过程导致的物理量的变化。如用 n 表示第 n 步时间积分，Δt 为时间步长，则给定高度上第$(n+1)$步时间积分的温度为：

$$T^{(\mathrm{n+1})}=T^{(\mathrm{n})}+\left(\frac{\partial T}{\partial t}\right)_{\mathrm{rad}}^{(\mathrm{n})}\cdot\Delta t$$

经过迭代计算，就可以得到达到辐射平衡时的大气垂直温度廓线。因为纯辐射平衡条件下，地面附近的温度直减率非常大，在实际大气中不可能维持这种情况，必然会有对流发生，因此在辐射平衡方程中用对流调整方法，来代替实际大气的感热输送过程。目前，一般采用对流调整方法来研究大气的热平衡。对流调整主要考虑以下三点假设：

- 大气层顶净入射太阳短波辐射等于净射出的长波辐射。

· 地面净向下太阳短波辐射和净向上的长波辐射的差额应等于大气的净辐射。

· 温度直减率小于规定值的模式层维持局地辐射平衡。

为了计算方便,可以将对流活动分成两类:一类是受地表影响较大的对流活动,另一类是不考虑地表影响作用的对流活动。对于大气内部某一对流活动层(不考虑地表的影响作用),要考虑能量的连续性。

研究表明,当大气 CO_2 增加时,全球地表气温上升 0.48～4.2 ℃;工业革命以来温室气体浓度增加产生的气候强迫近年来迅速增加,而其中 CO_2 的相对重要性逐步减小,氟里昂(CFCs)的相对重要性在增加。未来若对温室气体不加控制或少加控制,气候强迫将以近似指数或直线形式上升;如果对未来的温室气体排放加以控制,则气候强迫的增加将逐渐减慢,控制越早减速越明显。

辐射对流模式着重考虑辐射过程,将大气简化为一个大气柱,来计算大气的垂直温度结构,从而了解热量的变化,便于研究大气 CO_2 对气候系统的敏感性,模式结构清晰,物理意义明确,计算量不大。由于模式没有过多地涉及大气运动的动力过程,不利于探究碳在大气和其他圈层之间的传输,更不能较好地了解各圈层在碳循环中的相互作用、相互影响;同时,模式对碳的源汇分布状况以及碳循环动力过程的探究较少,对生物圈变化的考虑不足,可能会过大地估计温室气体的气候效应。

能量平衡模式 能量平衡模式是从能量的角度出发对气候状态进行模拟。大气能量守恒原理是能量平衡模式的基础。

早期的基于能量平衡的碳循环模式只考虑了大气 CO_2 对生物圈的影响,而没有考虑大气 CO_2 和生物圈之间的相互作用,后来经过不断改进逐渐被用于碳循环的研究。假设碳在 150 年内线性增加 1 000 Gt 到大气中,基于纬向平均多层二维能量平衡模式与全球碳循环模式耦合模拟的 CO_2 浓度增加对气候变化的施肥效应——β 因子(β 因子是表示大气 CO_2 的施肥效应因子,指 CO_2

增加可以刺激植被的光合作用，从而使植被生长加速）——和没有施肥效应——不包括 β 因子——两种情况下的陆地生物圈响应模拟研究表明，β 为零时，生物圈植被 NPP 在积分 150 年后基本不增加，而全球沿某纬圈总生物圈植被 NPP 增加 2.3 GtC · a^{-1}，因温室效应导致的地表增温使土壤呼吸量增加 4 GtC · a^{-1}，使陆地生物圈成为大气 CO_2 的弱源，大多数土壤碳损失发生在北半球高纬地区。而 β 取 0.3 时，全球沿某纬圈总生物圈植被 NPP 增加 15.5 GtC · a^{-1}，土壤释放碳增加到 13 GtC · a^{-1}。在 150 年后，陆地生物圈成为净 CO_2 汇。土壤碳增加大多发生在北半球高纬度地区，表明陆地植被对大气 CO_2 含量变化的响应比对物理气候参数的响应更加敏感。在只有气候变化时，陆地生物圈成为 CO_2 的源，而当 β 因子计入时，就会有相反的过程发生，使陆地生物圈成为大气 CO_2 的汇。

总体而言，能量平衡模式包括基本的动力和物理过程，模式简短，计算量小，灵活性大且物理意义明确。但由于是简化模式，仅考虑到热量、能量的变化，比较粗糙，参数化虽然比较灵活，适于研究气候因子之间的关系及各气候因子对气候系统的敏感性试验，但其可靠性需要进一步考察。而且，能量平衡模式对陆地植被类型考虑也过于简单，尤其在水平一维模式中，一个纬圈只能给出一种陆地类型。另外，在考虑反馈过程时，反馈系数的选定还不够客观。

统计学方法

统计方法是对资料进行统计分析而得到系统的变化规律。它是根据资料直接建立模型，这些资料不仅含有系统过去的信息，还包含着系统未来发展的方向。统计方法一般比较简单，计算量不大，它不涉及复杂物理过程，可以直观得到系统的时间和空间发展趋势。

用统计方法对 CO_2 的观测资料进行分析可以研究碳的源汇分布、CO_2 增长的相关因素及其对气候和生物圈的影响。例如，基

于 CO_2 观测资料、全球温度和归一化植被指数(NDVI)的卫星资料对月均 CO_2 增长率和全球、半球平均温度以及 NDVI 的关系分析发现,由于陆地植物的反馈作用,CO_2 增长率和温度有显著的相关关系;CO_2 增加将促使陆地植物的产量上升,不同的生态系统对区域气候和 CO_2 变化的响应是不同的;而且全球生态系统变化将导致气候和全球碳存贮发生变化。再如,陆地植物光合作用吸收 CO_2,呼出 O_2,而 CO_2 的吸收是通过大西洋的热盐环流和生物过程以及海洋 CO_2 溶解过程来实现的。基于这一考虑,对比分析南、北半球的 O_2/N_2 比值变化与 CO_2 的关系,以考查陆地生态系统在全球碳循环中的重要性。模拟结果表明,南北半球的 O_2/N_2 梯度和 CO_2 含量变化并不能仅仅由大西洋的热盐环流和生物交换以及海洋 CO_2 溶解来解释,还必须加入陆地生物圈的较大贡献。根据 1991 年 7 月～1994 年 7 月的资料,矿物燃料燃烧释放的 CO_2 可以使大气 CO_2 的含量由 354.5 ppmv 增加到 363.6 ppmv,而大气实际增加的只有大约 3.4 ppmv,海洋的吸收大约可以使大气 CO_2 含量降低 2.6 ppmv,剩余的 2.9 ppmv 是陆地生物吸收部分。因为热带地区陆地生物并不是一个很强的 CO_2 产生源或吸收汇,而南半球几乎没有温带陆地植被,所以北半球陆地植被对大气 CO_2 的吸收过程非常重要,几乎吸收了 1991～1994 年间矿物燃料燃烧释放的 CO_2 的 30%。

总体而言,传统的统计方法简单、直观,但物理意义不够明确,无法清楚地阐述气候系统的动力学行为。因子的选择也带有明显的主观因素。它仅从资料出发,不能对物理过程进行很好的描述。而且,资料的可靠性和完整性也限制了模拟的精确度,模式的局限性较大,不能很好地给出碳循环的特征。如果能与动力学方法相结合,则可能会得到较好的效果,但这种结合似乎还存在很大困难。

陆地生物圈碳循环模型

地球系统中的碳分布在大气圈、陆地生物圈、大洋水圈、岩石圈各个圈层里，通过各种过程相互交换，密度越大的圈层里碳储量越大，但交换的速率也越慢。一般而言，大气圈与陆地生物圈、表层海水之间的碳交换是在 10^0～10^2 年的时间尺度内，但大气圈的碳储量只有 750 Gt；岩石圈的碳储量比大气圈高出近万倍，但通过板块俯冲或者高原隆升放出或消耗 CO_2 的循环长达 10^7 年以上（图 5.2）。

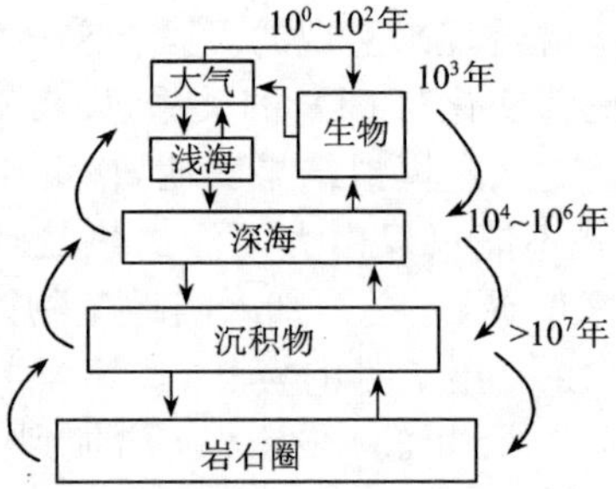

图 5.2　地球系统碳循环（年数表示循环的时间尺度）

地球系统是一个巨大的光合合成和消耗分解的系统。在这个巨系统中，绿色植物通过光合作用，将大气中的 CO_2 转变成有机碳，成为包括人类在内的几乎所有生命有机体的物质和能量的基础，也是引起全球变化的重要温室气体的源和汇。大约 40%陆地生态系统的生产力被人类直接或间接地利用。陆地生态系统对于 CO_2 吸收的潜力是 CO_2 气体发散控制争论的关键，也是预测全球气候变化的关键。这是由于陆地生态系统对于 CO_2 的吸收有助于减缓大气中 CO_2 的累积速度，从而减小气候变化的速率。但是，目前关于陆地生物圈吸收 CO_2 的能力有多大，在将来能否维持或增加并不清楚。

随着人口的增长、气候的恶化、资源的减少、粮食和能源的短缺，人类给地球生态系统造成的压力越来越大，并使这些系统的可持续能力日益下降。保持和提高陆地生态系统生产力的可持续发展是人类可持续发展的核心问题之一。

我国人多地少,资源相对贫乏,对人类赖以生存和发展的生物圈功能基础——植物净第一性生产力的研究就显得更加迫切和重要,同时亦为合理开发、利用自然资源,采取应对全球变化影响的策略,以及国家履行《联合国气候变化框架公约》和《京都议定书》提供科学依据。

陆地生态系统通过植被的光合作用、呼吸作用,以及土壤的呼吸作用与大气圈相联系;陆地生态系统碳通量的变化主要由植物光合作用、呼吸作用,以及土壤呼吸作用过程决定,并可以通过生物生产力来描述。生物生产力是指生物及其群体甚至更大尺度(包括生态系统及生物圈)的生命有机体的物质生产能力,它随环境的不同而发生变化,决定着系统的物质循环和能量流动,也是指示系统健康状况的重要指标。表示生态系统生物生产力的指标主要有总初级生产力(GPP)、净第一性生产力(NPP)、净生态系统生产力(NEP)和净生物群区生产力(NBP),简称“4P”(方精云等,2001)。通过生态系统的碳循环,“4P”受多种环境因子,尤其是气候因子的影响。

总初级生产力(GPP) 指单位时间内生物(主要是绿色植物)通过光合作用途径所固定的有机碳量,又称总第一性生产力。GPP决定了进入陆地生态系统的初始物质和能量。测定和估算GPP的方法大多是在20世纪80年代开发出来的,如直接收割法、O_2测定法、CO_2测定法、叶绿素测定法、放射性标记法,以及最近发展起来的开顶式同化箱法(Open-top Chamber)和自由CO_2富集方法(Free-air CO_2 Enrichment,FACE)等。

净第一性生产力(NPP) 指植物生长过程中吸收的净CO_2量,定义为植物光合作用过程吸收的CO_2量与呼吸作用过程中释放的CO_2量之差,通常用于度量植被的生长和生殖,反映了植物的生长状况,也称净初级生产力。

$$NPP = GPP - R_A$$

式中 R_A 表示自养呼吸(autotrophic respiration),为自养生物本身呼吸作用所消耗的同化产物。NPP 反映了植物固定和转化光合产物的效率,也决定了可供异养生物(包括各种动物和人)利用的物质和能量。不仅如此,NPP 还反映了植物群落在自然条件下的生产能力,是估算地球承载力(carrying capacity)和评价陆地生态系统可持续发展的一个重要生态指标;同时,植被面积占陆地总面积的 90%以上,对全球变化的反应至关重要;植被对气候变化的调节与反馈作用是人类调节气候、减缓大气 CO_2 浓度增加的主要手段。因此,国际地圈-生物圈计划(IGBP)和《京都议定书》都将植被的 NPP 研究确定为核心内容之一。

净生态系统生产力(NEP) 指单位时间单位空间内,土壤、凋落物及植物量等整个生态系统的有机物或能量的变化,亦即生态系统 NPP 与异氧呼吸(土壤及凋落物)之差。它表征了陆地与大气间的净碳通量或碳贮量的变化速率。

$$\mathrm{NEP}=(\mathrm{GPP}-R_A)-R_H=\mathrm{NPP}-R_H$$

式中 R_H 表示异养呼吸(heterotrophic respiration),亦即异养生物呼吸消耗量(土壤呼吸作用)。NPP 仅能定量地表示植物的碳吸收,而 NEP 则能包含植物对碳的吸收和土壤对碳的释放,表示大气 CO_2 进入生态系统的净光合产量。所以,NPP 是碳循环分量,而 NEP 是生态系统和大气之间碳的净通量。它受制于多种环境因子,尤其是大气 CO_2 浓度和气候因素。全球范围的 CO_2 含量增加以及气候变化都可以直接或间接地影响生态系统的碳通量。

净生物群区生产力(NBP) 生物群区(biome)是指一个地区内一定水热条件下生长着的优势植物为代表的植被组成,是一个植被区域分区的单位(周广胜、李迪强,1994)。NBP 是指从 NEP 中减去各类自然和人为干扰(如火灾、病虫害、动物啃食、森林间伐,以及农林产品收获等)等非生物呼吸消耗后所余下的部分,可表示为:

$$\mathrm{NBP}=\mathrm{GPP}-R_A-R_H-\mathrm{NR}=\mathrm{NPP}-R_H-\mathrm{NR}=\mathrm{NEP}-\mathrm{NR}$$

式中NR为非呼吸代谢消耗的光合产物。可见，净生物群区生产力是应用于区域或更大空间尺度的生物生产力概念，其值也就是全球变化研究中所使用的碳源与碳汇的概念，可正可负。该值反映了自然和人类的干扰活动对于全球碳平衡的影响。

生物生产力是指从个体、群体至生态系统、区域乃至生物圈等不同生命层次的物质生产能力，决定着系统的物质循环和能量流动，是指示系统健康状况的重要指标。因此，从不同生命层次反映生物生产力指标的GPP、NPP、NEP和NBP之间也是相互联系和相互影响的，如图5.3所示(方精云等，2001)。

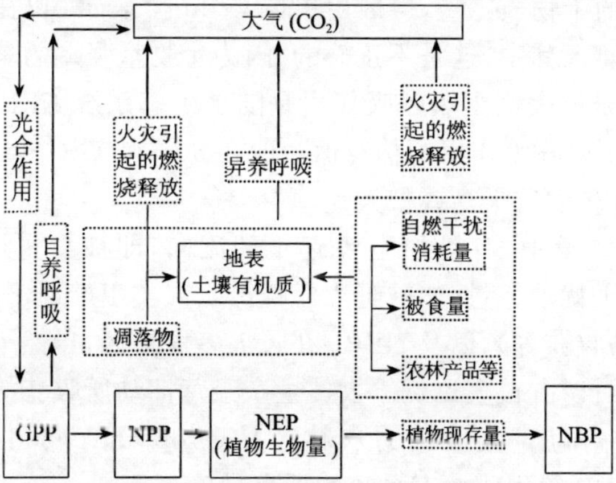

图5.3 生物生产力概念之间的关系
(改自方精云等，2001)

植被的GPP，即植被的光合产物(photosynthate)，是进入生态系统的初始物质和能量，是碳循环的基础。GPP随不同植被类型而异。一般来说，热带、亚热带林的GPP为20～40 tC · hm^{-2} · a^{-1}，温带林为10～20 tC · hm^{-2} · a^{-1}，而草本植被一般为10～25 tC · hm^{-2} · a^{-1}。对全球陆地GPP的估算不多，一般认为在90～120 GtC · a^{-1}之间。在GPP中，约有一半通过植被自身的呼吸作用(自养呼吸作用)重新释放到大气中;另一半成为NPP,即形成植被的生长量(whole plant growth)。它表示单位面积中用于植被净生产的有机体量,即总生长量。一般认为全球NPP在45～60 GtC·a^{-1}之间。

植物生长形成的有机碳(NPP),主要有两种流向,即大部分以凋落物(litter fall)的形式进入地表或成为土壤有机质的一部分(从较长的时间尺度看,它们又通过土壤呼吸作用而释放到大气中)或以凋落物分解的形式回到大气;另一部分则成为系统的NEP,它们构成植物的生物量(biomass)。生物量指单位面积上活的有机体的干物质重量,一般用单位t·hm^{-2}表示。以往也有人将凋落物量算入其中,这是不正确的。因为生物量强调的是活的有机体。已有研究表明土壤呼吸作用是陆地生态系统NEP的决定因素。全球土壤呼吸作用的估算值一般在50～68 GtC·a^{-1}之间,即与全球NPP大致平衡或稍大。

在生物量中,有机物主要有4种流向,即被食量(被动物啃食)、自然干扰消耗量(如被野火燃烧掉)、人类生产经营活动(如粮食、林产品收获等),以及NBP。在野火多发地区,自然干扰所消耗的有机质可以占很大比例。人类生产经营活动所收获的有机碳量成为人类可以直接使用的农林产品(crop and wood products, CWP)。NBP累积成生态系统的现存量(standing crop, SAC)。有时候现存量也被理解成狭义的生物量,但严格说来,它们的含义不同。通常进行的生物量调查所得结果实际上是现存量。从全球尺度讲,人们常常用NEP的数值来代表NBP,即1.5～2.0 GtC·a^{-1}。但由于非呼吸代谢所消耗的光合产物(NR)随空间和时间变化显著,因此在讨论区域尺度生产力时,NBP常常显著小于NEP,并显示出较大的区域差异。热带地区由于毁林种地,是一个巨大的碳源,NBP在−2.0～−1.5 GtC·a^{-1}之间。北半球的中高纬度是个较大的碳汇,NBP为1.5～2.0 GtC·a^{-1}。中国森林生态系统在过去的20多年中,起着大气CO_2汇的作用,NBP变化于11～34

TgC · a^{-1}之间(方精云等,2001)。尽管在光合产物中只有很少一部分通过 NBP 贮存在生物有机体中,但它在生态系统维持和演替过程中至关重要,因为它是光合再生产的资本,维持和决定着系统的再生产。

事实上,地球上的每一个生物化学反应都以某种形式与生物地球化学循环相联系,作为地球生物成员之一的人类参与并依赖于这些循环。数量庞大且复杂的生物过程、地质过程和化学过程改变和传输着生物地球化学元素,从而使得地球化学系统有序地工作着,决定着我们生存环境的化学和物理特性。虽然对组成生物地球化学循环的生物和非生物过程的奇妙迷宫的解开是令人惊喜的,但如果没有数学与数值模式则对于生物地球化学循环的理解只能局限于定性的理解。数学和数值模型的应用有助于将对生物地球化学循环的定性理解上升到对生物地球化学循环动态的定量理解水平;同时,这些模型还可与全球变化研究相联系来定量地理解生物地球化学循环在地球的过去和未来中的作用。"地球,无论是从全球还是局地尺度来看,都是一个动态且进化的化学系统……如果地球化学家试图描述地球的生物地球化学元素的分布性质,那么惟一合适的方法就是在一个总的……(数学)……框架下研究生物地球化学元素的分布性质"(Lasaga,1988)。

Cao 和 Woodword(1998)建立了一个植被-大气-土壤碳循环模式,模拟了植被-大气-土壤间的碳通量(不包括人为因素),其中陆地生物圈模式主要包括了植物气孔导度、蒸散、植物光合作用、呼吸作用、氮的吸收、落叶过程,以及土壤有机碳分解等物理过程。模式的初始条件取工业化之前的一个生态平衡,然后 CO_2 和气候发生瞬变。模式将全球分为 3 个纬度带,北部为 40°N 以北;温带为 40°N～20°N,及 30°S 以南;热带 20°N～30°S。模拟结果发现,由 CO_2 变化和气候变化产生的影响是有差别的。在仅考虑 CO_2 变化而无气候变化的影响时,温度变化由 12.5℃变到 15.5℃,对降水变化的影响较小,NEP、NPP 增加。当 CO_2 不断增加时,NEP 和

NPP 也增加，而且达到饱和后不再变化。在仅有气候变化的模拟中，不同的纬度带其变化也不同。总体来说，北方 NPP 增加，植被碳存贮增加，而土壤碳由于呼吸和增暖而减少，NEP 也减少。温带 NEP、NPP 减少很少。而热带 NEP、NPP 从 1970 年开始减少。当 CO_2 和气候变化同时作用时，NEP、NPP、陆地生态系统碳存贮均增加，但其增加随纬度的变化而变化(图 5.4)。

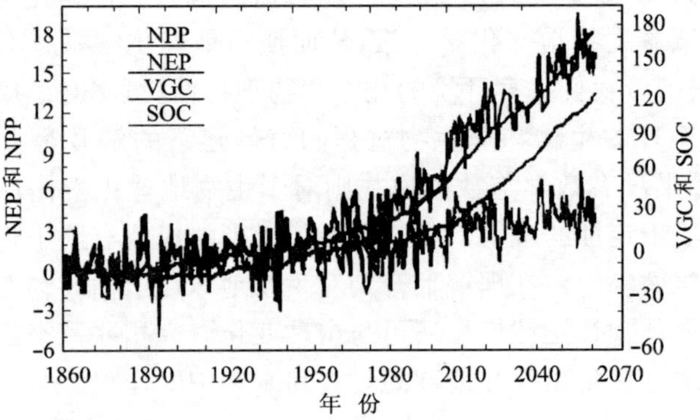

图 5.4 NEP、NPP、植被碳(VGC)、土壤碳(SOC)对 CO_2 和气候变化的响应

(引自 Cao 和 Woodward，1998)

GPP、NPP、异养呼吸及其对于地理变化与季节变化的响应是陆地碳循环的关键成分，在《联合国气候变化框架公约》谈判过程中被一再强调。由于不存在区域或全球尺度的 GPP、NPP 和异养呼吸的直接观测，为了增进理解及评估陆地生态系统在全球的作用，局地的观测需要通过发展全球尺度的陆地生态系统模型以推广到全球。近年来，通过观测和模型，特别是通过 IGBP 的核心项目“全球分析、解释和模型(GAIM)”、“数据信息系统(DIS)”，以及“全球变化与陆地生态系统(GCTE)”，已经大大改进了陆地生态系统 GPP 和 NPP 的估算。

陆地生态系统碳循环模型类型

目前,大量模型已经建立,并被用于研究全球尺度的生产力及其地理分布,特别是计算机模型在解释基于当地观测的生态学假设的区域、洲际、甚至全球的生态系统过程方面越来越为人们所接受。从模型的复杂性而言,这些模型既有基于气候变量与1~2种痕量气体通量的回归估算,亦有模拟生物物理过程(biophysical process)和生态生理过程(ecophysiological process)的准机制模型。每种方法都是基于对生态系统的结构及其对环境变化响应的简化。不同的模型采用不同的简化假设,而且这些模型常常采用不同的环境变量,从而导致对全球NPP估计结果的不同。尽管所有的碳循环模型均估算了NPP,但这些模型是基于不同的目的建立的,如检查过去或未来总的碳通量和(或)碳贮量,或是为了测试引起过去或未来总的碳通量和(或)碳贮量变化的潜在原因的特定假设。基于模型是否利用给定的冠层光截获季节变化和(或)给定的植被分布,可将现有的陆地生态系统碳循环模型分成3类:遥感驱动的陆地碳循环模型、生物地球化学模型和全球植被动态模型(Dynamical Global Vegetation Models,DGVM)。这3类模型采用不同方法估算了气候对NPP的影响。

遥感驱动的陆地碳循环模型 这类模型采用遥感资料确定光合作用活性组织结构的时间行为,可用于检验气候变化对NPP的影响,但研究时间受制于遥感资料的时间。从遥感观测而言,这类模型对生物圈植被NPP的季节动态(物候)提供了一定的肯定性。代表性模型有:CASA模型、GLO-PEM模型、SDBM模型、TURC模型和SIB2模型等。

基于植被指数与冠层吸收的光合有效辐射比例(FPAR)之间的关系得到吸收光合有效辐射,进而建立大尺度的卫星观测与生物生产力的关系是遥感驱动的陆地碳循环模型的基础。产量效益模型(Production Efficiency Models,PEM)采用光利用效率

(LUE)将吸收光合有效辐射(APAR)转换成生物量的概念。在理想条件下,NPP 与吸收的光合有效辐射(PAR)呈线性关系,而光利用效率可以被看做一个守恒量,从而将根据整个生长季节的 FPAR×PAR 求取 NPP。这一概念适用于具有有效时间长度和 FPAR 的遥感观测资料。植被的实际产量与环境条件、光合作用途径与呼吸作用速率有关。这些模型基于产量效益模型,并结合考虑养分循环和光合作用控制的基于过程的经典模型以估算光利用效率,或将光利用效率概念用于 NPP,如 CASA 模型和 SDBM 模型,或将光利用效率概念用于 GPP。在大多数产量效益模型中,潜在光利用效率由经验方程计算,而后由于环境限制而减小。GLO-PEM 模型较特殊,该模型除利用气候变量区分 C_3 与 C_4 草本植物外,没有利用任何气候驱动变量,所有气候与植被结构的变量均来自遥感观测资料。SIB2 模型尽管以遥感资料驱动,但并不是基于产量一效益模型。该模型是基于叶片尺度的模拟,而后整合到冠层尺度,因此 NPP 与冠层的吸收光合有效辐射是非线性关系。SIB2 模型的遥感驱动参数包括粗糙度长度、反射率、FPAR 与叶面积指数。

生物地球化学模型　该模型基于土壤和气候特征,采用植被图或生物地理模型给定植被结构以模拟生物地球化学通量。一般而言,模型或明确或含蓄地模拟了物候,以使冠层的季节动态响应于气候变化。这类模型只可模拟特定植被类型内部的功能变化,因而忽略了植被再分布的可能影响。代表性的模型如 HRBM 模型、CENTURY 模型、TEM 模型、CARAIB 模型、FBM 模型、PLAI 模型、SILVAN 模型、BIOME-BGC 模型和 KGBM 模型,均采用气候和土壤资料作为输入变量。模型的过程机制或基于经验回归,或包括光合作用和呼吸作用的简化机理模型。

全球植被动态模型　这类模型可同时模拟生态系统结构(植被的分布与物候)和功能(生物地球化学)的变化。总的来说,这类模型尽管假定气候与植被处于平衡状态,但也可以转变成动态的全球植被模型。相对于明确用于土地利用的模型(如 CARAIB 模型)或通过利用卫星遥感资料含蓄地用于土地利用的模型,这类模型迄今为止仅被用于潜在植被。代表性模型有 BIOME3 模型、DOLY 模型和 HYBRID 模型。在这类模型中,植被类型通过最优化规则(根据土壤和气候最大化 NPP,或最大化叶面积指数以满足年水分和碳平衡)确定。CO_2 通量在小时或日的时间步长上模拟,直接与水汽通量相耦合。HYBRID 模型是这些模型中惟一的一个非平衡模型,该模型应用林窗模型方法以简化全球尺度的生长模型,是一个动态全球植被模型,有能力预测植被对于气候的响应,因为该模型动态地耦合了结构(如叶面积指数)和功能(如碳通量、水汽通量与养分通量)的时间变化。

陆地生态系统碳循环模型比较

陆地生态系统碳循环评估需要涉及不同的空间尺度,由叶片、个体、种群、群落/生态系统、景观以至区域和全球尺度。一般而言,对碳通量与水汽通量估算的尺度化需在 3 个层次上进行考虑:

- 叶片至冠层尺度。在叶片尺度许多通量可通过气孔技术(cuvette technique)直接测量。
- 局地生态系统至区域尺度。在局地均匀地区,土壤-植物系统的这些通量可通过微气象技术测定。
- 区域至全球尺度。

关于叶片至冠层尺度和局地生态系统至区域尺度的尺度化研究相对较多,而区域至全球尺度的尺度化研究较少,这是因为全球尺度的碳通量不能直接测定,而叶或冠层尺度的碳通量可直接测定,区域尺度的通量估算可基于森林或农业的产量统计资料获得。对于模型在全球尺度的验证主要受两个方面的制约:首先是冠层至异质区域的尺度化验证,这一点只能通过短期的航空测量来评估;其次是不能在全球范围进行验证。因此,模型之间的比较作为对直接验证的补充经常被用于验证不同模型的可利用性,通过模型比较可以发现模型的不足及其不一致性。

陆地与大气之间的碳交换主要由太阳辐射和局地环境决定,即由影响植物光合作用与光合作用产物分配的环境和影响死植物体分解的环境因素决定。降水和温度是控制光合有效辐射和CO_2转变为干物质(即生物圈的NPP)的两个主要气候因子。描述植物、土壤和大气之间的CO_2、水汽和养分通量的主要过程包括:光合作用、生长、维持呼吸作用、蒸发散、氮的吸收与释放、光合作用产物在植物不同部分之间的分配、凋落物的产量与分解,以及物候。表5.1给出了1994年6月和1995年7月在IGBP的核心项目全球分析、解释与模拟(GAIM)、数据信息系统(DIS)和GCTE倡议下,于德国波茨坦气候影响研究所进行的全球陆地生物地球化学模型比较的17个模型。

表5.1 17个全球陆地生物地球化学模型

模 型	时间分辨率	植被碳库数	生物生产力计算方法
CASA	1月	0	PEM和LUE的经验关系计算NPP
GLO-PEM	10天	2	PEM和LUE的机理模型计算GPP
SDBM	1月	0	PEM和LUE的经验关系计算NPP
TURC	1月	3	PEM和LUE的经验关系(全球变量)估算GPP,自养呼吸考虑了环境因素的限制
SiB2	12分钟	2	土壤-植被-大气传输模型(SVAT),与大气环流模式(GCM)耦合
HRBM	1月	0	基于气候、实际蒸散(AET)驱动的自然植被NPP回归关系
CENTURY	1月	8	地上植被过程的土壤碳、氮机理模型
TEM	1月	1	基于气候和土壤资料以及水文收支方案的过程机理模型估算NPP
CARAIB	1日	2	叶片光合模型、冠层尺度耦合的碳和水分平衡,并考虑内在的物候变化

（续表）

模　型	时间分辨率	植被碳库数	生物生产力计算方法
FBM	1日	2	叶片光合模型、冠层尺度耦合的碳和水分平衡，并考虑内在的物候变化
PLAI	1日	2	叶片光合模型、冠层尺度耦合的碳和水分平衡，并考虑内在的物候变化
SILVAN	6日	3	叶片光合模型、冠层尺度耦合的碳和水分平衡，并考虑内在的物候变化
BIOME-BGC	1日	4	利用水分平衡估算叶面积指数，不考虑物候
KGBM	1日	1	利用水分平衡估算叶面积指数，并利用遥感资料估算物候
BIOME3	1月	0	模拟了植被的结构和生理过程，并考虑了碳、水分平衡以及物候的耦合
DOLY	1年	2	模拟了植被结构和生理过程，并考虑了碳和水分平衡，以及自养呼吸和年NPP的耦合
HYBIRD	1日	4	模拟了植被的结构和生理过程，并考虑了碳、水分平衡以及物候的耦合

资料来源：Cramer 等，1999。

尽管这些模型都能用于陆地生态系统碳循环的模拟研究，但他们是针对不同的研究目的在不同典型生态系统上独立发展起来的。正因为如此，这些模型都有各自的特点，从而影响这些模型对于陆地生态系统碳评估的精确性。

这些模型关于植被 NPP 的计算方法主要可分为两类：

- 建立 NPP 直接与植被的特征和环境因子的相关关系，或与环境指示物（如温度、降水、土壤氮或肥力因子）的相关关系，如 CASA 模型、CENTURY 模型和 HRBM 模型；
- 将 NPP 作为独立模拟的 GPP 和自养呼吸之差。此时，环境因子和植物的结构特征影响着植物的 GPP 和植物的自养呼吸，而不是直接影响 NPP。

各个模型中不同驱动因子对于 NPP 的相对影响各不相同。大多数模型模拟了太阳辐射（一般用光合有效辐射代替）对 NPP 的影响，但是 CENTURY 模型和 HRBM 模型没有简单地考虑太阳辐射的影响，而是通过温度或者自遮荫对 NPP 的影响反映出来。除 TURC 模型外，所有模型均通过土壤水分状况和（或）水汽压亏损模拟水分有效性对于 NPP 的影响。在 BIOME-BGC 模型、DOLY 模型、HYBRID 模型和 TEM 模型中，GPP 和（或）植物的自养呼吸由养分有效性决定；而在 CENTURY 模型和 HRBM 模型中，养分有效性直接影响 NPP。

由于模型采用不同的方法计算 GPP、植物自养呼吸作用和 NPP，因此植被的碳库也不相同。一些模型仅用了单个碳库，如 TEM 模型，由单个方程计算 GPP、植物自养呼吸作用和 NPP；而其他模型则将碳分配到多个碳库（如叶子、边材、心材、细根）中，并根据 GPP 或分配估算呼吸作用和碳的累积，如 CENTURY 模型。

表 5.2 给出了各模型结果的比较。总的来说，这些模型均呈现出很好的一致性。尽管发展这些模型的目的不同，但是要理解整个地球系统还需要消除这些模型之间的差异。仅仅试图通过改进海洋和大气的物理模型并不能解决陆地生物圈的稳定性与可持续性的评估。最近研究表明，耦合的地球系统对于生物圈的动态非常敏感。

尽管模型的比较对于模型的发展起着重要的作用，但是对于观测资料的充分利用则是模型发展的关键。这是因为目前已经存在广泛分布的植被 NPP 资料，具有联系模型验证的观测网，如欧洲通量网（EUROFLUX）与美洲通量网（AMERIFLUX），以及高质量的遥感数据产品。

为了加深对碳循环模型的理解，现以 BIOME-BGC 模型（Running 和 Hunt，1993）、CENTURY 模型（Parton 等，1993）和 TEM 模型（Melillo等，1993）3个常用的生物地球化学模型为例

表 5.2　16 个全球陆地生物地球化学模型的 NPP 比较

（单位：GtC）

模　型	年 NPP	月最大 NPP	月最小 NPP
TURC	80.5	9.1	4.8
GLO-PEM	66.3	7.7	3.4
CARAIB	65.2	8.4	3.8
KGBM	62.5	9.1	2.8
BIOME-BGC	62.2	8.4	2.9
SILVAN	61.1	7.7	3.5
BIOME3	54.2	6.6	3.0
CENTURY	53.3	6.2	2.9
FBM	49.9	7.5	2.5
PLAI	49.2	6.6	2.0
CASA	48.9	5.8	3.1
SIB2	47.9	8.3	2.2
DOLY	46.4	N/A	N/A
TEM	46.2	6.7	2.4
HRBM	44.3	5.6	2.3
HYBRID	39.9	7.0	−1.6

资料来源，Cramer 等，1999。

作比较介绍。表 5.3 列出了用于这 3 个生物地球化学模型模拟陆地生态系统的碳、养分（如氮）和水分循环的参数。这些模型考虑了碳循环如何受环境条件，包括温度、降水、太阳辐射、土壤质地和大气 CO_2 浓度的影响。这些环境变量是描述植物和土壤过程的输入量，如植物通过光合作用、分解作用、在微生物作用下的土壤氮转变，以及在蒸发和蒸腾过程中陆地与大气之间的水分流动的碳累积。所有生物地球化学模型的共同输出包括 NPP、净氮矿化，蒸发散通量（如潜在蒸发、实际蒸发），以及碳和氮在植物和土壤中的贮存。表 5.4 给出了这 3 个模型的特征比较。

BIOME-BGC 模型　该模型是基于森林生态系统的生物循环

来模拟森林群落发展的FOREST-BGC模型发展起来的多个生物群区模型。该模型需要日气候资料、关键气候界限的确定、植被和研究地点状况作为输入量以估算生态系统的碳、氮和水分通量。异速生长关系基于研究分室的叶库初始化植物和土壤的碳库和氮库。

CENTURY 模型 该模型(版本 4)可用于模拟草地、森林和稀树草原的碳、氮、磷和硫的动态。该模型以月温度、降水和大气 CO_2 浓度和氮的输入来估算生态系统碳和氮的源和汇。该模型同样也包括一个水分平衡模型,用于计算月蒸发、蒸腾、土壤层的水分含量,雪的水分含量和不同土壤层间的饱和水流动,而且该模型也可用于模拟火、放牧和风暴等扰动对于生态系统的影响(表5.3)。

表 5.3 不同植被类型及其在不同生物地球化学模型中的描述

植被描述	BIOME-BGC	CENTURY	TEM
苔原	C_3 草地	苔原	高山苔原
北方针叶林	针叶林	亚高山冷杉:100 年火烧	北方针叶林
温带海洋性针叶林	针叶林	西部松:500 年火烧	海洋性温带针叶林
温带大陆性针叶林	针叶林	西部松:100 年火烧	大陆性温带针叶林
寒温带混交林	50%针叶林;50%落叶林	东北-温带混交林:500 年火烧	50%大陆性温带针叶林;50%温带落叶林
暖温带/亚热带混交林	50%针叶林;50%落叶林	东南混交林:200 年火烧/风倒	33%大陆性温带针叶林;33%温带落叶林;34%温带阔叶常绿林
温带落叶林	落叶林	东北落叶林:500 年火烧	温带落叶林
热带落叶林	落叶林	热带落叶林:500 年火烧	热带森林
热带常绿林	阔叶常绿林	热带落叶林:500 年火烧	热带森林

(续表)

植被描述	BIOME-BGC	CENTURY	TEM
温带混合旱生灌木	50%针叶林；50%落叶林	南部混交硬木/C_3草本植物:30年森林火烧/4年草地火烧,年度放牧	干旱灌木
温带针叶旱生灌木	针叶林	西部松/50%C_3-50%C_4草本植物混合:30年森林火烧/4年草地火烧,年度放牧	干旱灌木
热带有刺灌木	灌木	南部混交硬木/C_4草本植物:100年森林火烧/3年草地火烧,年度放牧	干旱灌木
温带落叶稀树草原	20%落叶林；80%C_4草本植物	南部混交硬木/50%C_3-50%C_4草本植物混合:30年森林火烧/4年草地火烧,年度放牧	50%温带落叶林 50%草本植物
暖温带/亚热带混合稀树草原	20%落叶林；80%C_4草本植物	南部混交硬木/50%C_3-50%C_4草本植物混合:30年森林火烧/4年草地火烧,年度放牧	17%大陆性温带针叶林；16%温带落叶林；50%草本植物；17%温带阔叶常绿林
温带针叶稀树草原	20%针叶林；80%C_3草本植物	西部松/50%C_3-50%C_4草本植物混合:30年森林火烧/4年草地火烧,年度放牧	50%大陆性温带针叶林；50%草本植物
热带落叶稀疏草原	20%落叶林；80%C_4草本植物	南部混交硬木/C_4草本植物:30年森林火烧/4年草地火烧,年度放牧	50%热带森林；50%草本植物
C_3草地	C_3草本植物	C_3草本植物:年度放牧	草地
C_4草地	C_4草本植物	C_4草本植物:3年火烧,年度放牧	草地
地中海灌木	灌木	Chaparral:30年火烧	干旱灌木

（续表）

植被描述	BIOME-BGC	CENTURY	TEM
温带干旱灌木	灌木	鼠尾草/75%C_3-25%C_4 草本植物：30年灌木火烧/4年草地火烧	灌木
亚热带干旱灌木	灌木	Creosote/50%C_3-50%C_4 草本植物：30年灌木火烧/4年草地火烧	灌木

TEM 模型　TEM(版本 4)可用于描述全球非湿地生态系统的植物和土壤的碳和氮的动态。该模型需要月的气候和土壤以及具体的植被参数作为输入量以估算月的碳和氮通量以及库的变化。该模型的水文输入决定于水文模型，该水文模型用与 TEM 模型同样的气候和具体的土壤参数作为输入量。TEM 模型可用于计算区域以至全球尺度的植被 NPP 和碳贮存。

3 个生物地球化学模型的比较　这 3 个生物地球化学模型都包括碳、氮和水分循环的子模型，可以模拟这些循环之间的相互作用。CENTURY 模型和 TEM 模型运行的时间步长为月，而 BIOME-BGC 模型的运行时间步长为天。模型的不同在于所强调的特殊生物地球化学循环和这些循环对于生态系统动态的反馈作用不同。BIOME-BGC 模型主要取决于水分循环和水分可用性对于碳的吸收和贮存的控制作用，而 CENTURY 模型和 TEM 模型主要依赖氮的循环和氮的可用性对于碳的吸收和贮存的控制作用。下面给出了这 3 个模型之间的差异，包括不同生态系统组成的代表性和用于描述生态系统过程的方法。

- 碳库和氮库

　　尽管这 3 个生物地球化学模型都估算了植被和土壤的碳库和氮库，但模拟这些库的复杂程度是不同的。例如，TEM 模型将整个生态系统作为一个分室来估算植被的碳库，而 BIOME-BGC 模型则将整个生态系统分成四个分室，CENTURY 模型则将所研究的生态系统分成 8 个分室（表 5.4）。

表 5.4　生物地球化学模型的生物地球化学过程和分室比较

生物地球化学过程	BIOME-BGC	CENTURY	TEM
潜在蒸散/实际蒸散	Penman-Monteith	修正的 Penman-Monteith	Jensen-Haise(1963)
土壤水分层数目	1	5～7	1
植物的碳吸收	Farquhar	多限制的 NPP	多限制的 NPP
叶面积指数	水分平衡，氮的有效性和总光合作用	叶生物量，不同植被库的相对碳分配	没有明确计算
胞间 CO_2 浓度(C_i)与大气 CO_2 浓度(C_a)关系：$C_i=f(C_a)$	应用	没有应用	应用
气孔导度$=f(C_a)$	应用	应用	没有应用
植被 $C/N=f(C_a)$	应用	应用	没有应用
植物呼吸 Q_{10}	2.0	2.0	1.5～2.5
分解 Q_{10}	2.4	～2.0	2.0
植被碳库数目	4	8	1
枯枝落叶/土壤碳库的数目	3	13	1
植物的氮吸收	年	月	月
净氮矿化作用	控制 C/N 比率	控制 C/N 比率，f(湿度，温度)	矿化作用/固化作用动态
植物氮库数目	4	8	2
枯枝落叶/土壤氮库的数目	3	15	2

（续表）

生物地球化学过程	BIOME-BGC	CENTURY	TEM
平　衡	所有碳库具体化以使在1年后净生态系统生产力NEP=0	用重复扰动模拟到2000年	动态模拟（10～3 000年）直到碳库和氮库达到平衡（即NEP=0，净氮矿化作用等于植物氮吸收，氮的输入=氮的损失）
时间尺度	日/年	月	月

· NPP

尽管这三个生物地球化学模型都是根据总的碳吸收率减去植物的呼吸来估算植物的NPP，但是估算的方式不同（表5.4）。BIOME-BGC模型估算了植被的NPP，并以整个冠层光合作用的50%作为植物的呼吸作用量。植被整个冠层的光合作用根据叶的气孔导度、叶氮、胞间CO_2浓度、空气温度、入射太阳辐射和叶面积指数，采用Farquhar等（1980）和Leuning（1990）所建立的光合作用模型来估算。在CENTURY模型中，最大的NPP取决于土壤温度、土壤有效水分、叶面积指数和林分的年龄。根据植物的功能类型（如C_3植物为冷季植物，C_4植物为暖季植物）建立了温度和NPP的函数关系。所计算的NPP进一步用当前的地上生物量（如自身的遮荫）、大气CO_2浓度和土壤有效氮进行修正。为模拟稀树草原和灌丛生态系统，草地和森林的模拟组成成分以一种规定的方式对水分、光照和养分进行竞争。在TEM模型中，NPP是以植物从大气获得的碳作为植物GPP与植物呼吸到大气中的碳之差来表示的。植被GPP开始作为有效光照、空气温度、大气CO_2浓度和有效湿度的函数。如果氮的供应（是氮吸收和植被中易分解氮的总和)不能满足植物生物量生长所需的C/N比,则植物的GPP将减少,以满足C/N比的限制。在氮供应充足的条件下,氮的吸收将减少,以满足生物量生产的C/N比限制。通过这种方式植被的碳-氮状态调节植被的碳与氮的吸收。植被的呼吸作用是植被的碳含量和空气温度的函数。

- 对于大气CO_2浓度升高的反应

为模拟大气CO_2浓度加倍的影响,BIOME-BGC模型和CENTURY模型限制了植被氮含量的变化。在BIOME-BGC模型中光合作用在叶氮浓度减少20%时受到限制;而在CENTURY模型中,C/N比按草芽和树叶中的氮的最小值和最大值的比率的20%增加。而且,这两个模型也限定了影响水文循环的变化,BIOME-BGC通过减小冠层的气孔导度使植物的蒸散减少20%以影响叶面积的发展,而CENTURY模型则规定实际蒸发散减少20%以影响土壤湿度。增加的大气CO_2浓度对生态系统动态的间接效应将通过由大气CO_2浓度引起的叶凋落物量和土壤湿度的变化引起的分解反馈作用来实现。在TEM模型中,大气CO_2浓度升高可能直接或间接地影响植被GPP。大气CO_2浓度升高的直接效应是增加冠层内的胞间CO_2浓度,从而通过Michaelis-Menton(双曲线)方程潜在地增加了植物的GPP。大气CO_2浓度升高可能通过改变植被的C-N状态以增加氮的吸收从而间接地影响植物的GPP;植物氮吸收的增加只有当植被的GPP受速效碳的限制比受速效氮的限制更严重时才出现。潜在蒸发散和实际蒸发散不受大气CO_2浓度的影响。

- 分解作用

分解作用的估算取决于不同模型中凋落物和土壤分室状况。在BIOME-BGC模型中,C和N通过一个包括水分、温度和木质素控制在内的方案从凋落物和土壤分室中释放；而在 TEM 模型中用了类似的处理方法，分解作用作为土壤有机碳分室的分解，是温度和土壤湿度的函数；相反地，在 CENTURY 模型中凋落物的分解则采用了一个更详细的子模型来模拟。

该子模型将土壤有机碳分成 3 个部分：由活微生物和微生物产物组成的活跃土壤部分(<10 年周转时间)、由于物理和化学保护作用造成的对于分解具有阻碍作用的保护部分(十年尺度的周转时间)，以及长周转时间的部分(千年周转时间)。

- 平衡假设

这 3 个模型关于平衡的定义稍有差异(表 5.4)。BIOME-BGC 模型假定在 NEP 等于零，即年 NPP 等于年分解率且 NPP 等于植物总冠层光合作用的一半时达到平衡状态。相似地，TEM 假设在植物 NPP、凋落物碳和分解碳的年通量达到平衡时达到平衡状态，此时植物的净氮矿化作用、凋落物氮和植被氮吸收的年通量也达到平衡，且氮的输入等于生态系统的氮损失。为使模拟的生态系统达到平衡，对于每个格点单元 CENTURY 模型运行至少 2 000年。

海洋碳循环模型

海洋是地球上最大的碳库，海洋作为一个净汇，每年从大气净吸收 1.2～2.8 GtC，海洋吸收碳的能力约占大气中人为释放 CO_2 量的 40%～50%。因此，研究海洋碳循环过程，深入了解海洋碳化学量的分布与变化，对预测及调控未来由于人为排放 CO_2 量的增加引起的全球气候变暖问题有着重要的意义。

影响水体生态系统碳循环的环境因素

模型是预测的基础，而对主导影响因子的研究则是建立模型的关键。在介绍海洋碳循环模型之前，首先探讨影响水体生态系统的环境因素。

气候及氮、磷的影响　生物地球化学循环中，氮、磷的循环是绝大多数生态系统中的限制性因素，充分认识这两种物质的循环与碳循环的关联途径非常重要。湖泊富营养化极大地提高了藻类 NPP 及 CO_2 汇的能力和容量。据估计，假如全世界湖泊的 10%呈富营养化，且储存在沉积物的有机碳为湖泊 NPP 的 1%，则总有机碳在湖泊的汇将可达到 1.25×10^6 tC·a^{-1}。当然，有机碳在湖底的厌氧代谢分解产物会严重破坏水质，影响水生生态系统的结构及功能，其厌氧分解产生的 CH_4 向大气扩散也使其成为 CH_4 的源。20 世纪 70 年代全球范围内因人类活动影响而从河流输入海洋的氮和磷分别为 7×10^6 t·a^{-1}和 1×10^6 t·a^{-1}。世界上几条大的河流，如莱茵河和泰晤士河，平均每年的叶绿素含量超过 50 μg·L^{-1}，最高可达 250 μg·L^{-1}，而热带和人口稀少的温带地区的河流，其叶绿素含量只有 5 μg·L^{-1}。假如西欧所有河流的叶绿素含量平均达到 50 μg·L^{-1}，按生物体有机碳与叶绿素含量之比为 30 计，则这些河流碳的总汇将达 0.27×10^6 tC·a^{-1}。

碳的生物地球化学循环是与全球气候子系统紧密相关的。1992 年的全球海洋通量联合研究(JGOFS)调查了赤道中部太平洋的碳生物地球化学通量，发现赤道太平洋是赤道大气 CO_2 最大的天然源，其通量的量级随厄尔尼诺南方涛动而发生年际变化。这是因靠近极地的海域海水下沉，然后沿海底向赤道流动，同时把沉降到海底的碳运移到赤道附近，再涌升到海面并将携带的碳释放到大气中。据实测，CO_2 溶于海洋的过程主要发生在北部大西洋和南极海域，而太平洋和印度洋的赤道区则成为 CO_2 的源。赤道太平洋上涌深水的 CO_2 是过饱和的。在厄尔尼诺期间，由于 CO_2 和硝酸盐浓度都很高的上涌深水的来源被切断，过量的 CO_2 向大气消散，净第一性生产使无机碳和硝酸盐浓度下降，海洋表层硝酸盐浓度大约比支持正常水平 NPP 的浓度低 50%，当营养物被净第一性生产耗竭时，硅藻等浮游植物迅速失去浮力而下沉。所以，海洋 CO_2 通量变化是受物理因素支配的，部分是由于有机物质下沉通量速率低以及相应的靠近表层水的营养物和 CO_2 的有效生物循环。

铁的限制 温带湖泊春秋两季水体垂直混合向表层水提供氮、磷营养盐使硅藻出现生产力高峰的现象早已被人们所认识。然而在极地海域(如北太平洋和南极海域)，虽然具有丰富的氮、磷营养盐，但其 NPP 非常低。在阿拉斯加波弗特海的某一点所测得的 NPP 仅为 20 $gC \cdot m^{-2} \cdot a^{-1}$，这比平均 NPP (274 $gC \cdot m^{-2} \cdot a^{-1}$) 的 10%还要低，这可能是微量元素铁对浮游植物光合作用的限制引起的。

铁是藻类生长的必需元素，藻类叶绿素的合成、硝氮的还原和固氮作用都需铁元素的参与。虽然铁在海洋物质丰度中排列第 4，但由于海洋表层含氧量较高，亚铁离子 Fe^{2+} 能被迅速氧化为 Fe^{3+}，呈不溶解状态，致使铁的生物可利用性极低，铁成为藻类生长的限制因子，从而导致很多海域 NPP 低下。根据 Martin 的铁限制理论，假如铁元素充足，仅在南极洲海域，通过净第一性生产"生物泵"过程对 CO_2 的净汇将可达 2～3 $GtC \cdot a^{-1}$。

当然，Martin 的铁限制理论仍存在一些质疑之处，一是净第一性生产是否真如 Martin 所预测的那样高；另一点是生物泵使有机碳转移到海洋底层的效率。

水体酸化 水体酸化对洁水藻类生长繁殖和种群结构的影响十分明显，其影响程度随水体酸度的增强而加大，表现为藻类生长潜力减弱，其主要原因是酸雨引起酸化，降低了磷的有效性，从而导致淡水贫营养化。硫酸根离子随雨沉降，将在海洋中形成硫酸盐沉积。

研究表明，在一些厌氧生境中，特别是海洋沉积物中含有较高的硫酸盐，虽然产CH_4菌能利用S^{2-}或半脱氨酸来满足它们对硫的需要，但硫酸盐明显抑制了CH_4菌的活性，产生CH_4的前体H_2和乙酸不能转化为CH_4，而是转化为CO_2。可见SO_4^{2-}的酸沉降还会引起水体CO_2源的增大。酸沉降除SO_4^{2-}外，NO_x^+、NH_x沉降正在引起极大的重视。氮的沉降及有效性增加可能在一定程度加大CO_2的吸收，并加强海洋的光合作用。另一方面，全球变暖和水文变化会加速土壤中储存的有机氮的氧化，从而增加氮的流失和元素比例的失调，如氮相对于磷的过剩，将导致氮缺乏系统变为磷缺乏而产生酸性贫营养化。磷的严重缺乏会降低水生植物及细菌对氮的吸收。因此，经酸性系统中加入磷会通过增加NO_3^-的吸收，而不是通过CO_2的吸收与缓冲，使系统的pH值升高。

太阳紫外辐射增加　浮游生物在世界各大洋的分布是不均匀的，在高纬度地区浓度较高，最高时甚至比热带和亚热带地区的浓度高10～100倍(不包括大陆架涌升地区和赤道附近)，其原因除了养分、温度、盐度、光的可用性和水柱的稳定性因素外，UV-B辐射可能起着重要作用。热带海洋的辐照度比环极地区高出数倍。藻类个体很小，生存期极短，对于紫外线的压力比那些较大的有机体更加敏感。研究表明，在太阳辐射的几分钟内，某些蓝藻的浮游和定向机能都会响应光线的变化。在短时间照射之后，有一部分损害能够恢复，较长时间的照射则会造成不可逆的损害。

据测算，大气中O_3含量耗损16%会导致浮游生物数量减少5%。在结冰带的边缘浮游生物的这种减少量为6%～12%。太阳UV-B辐射亦影响蓝藻的固氮活性和CO_2的吸收。对南极水域自然浮游生物收集物的原地培养表明，臭氧空洞范围内(150DU)的UV-B辐射对光合作用的抑制约为4.9%，UV-A辐射的抑制作用约为6.2%，这与热带水域的比例相似。浮游生物生产力降低，不仅对于水生生态系统中错综复杂的食物链产生严重的后果，而且造成水体对大气中CO_2的汇减少，从而将导致温室效应的迅速加剧和全球气候变化。

海洋碳循环模型

国外早在20世纪70年代就已有了研究海洋碳循环的模式，从一维箱室扩散模式，经二维碳循环模式，发展到了目前的三维碳循环模式。国内有关海洋碳循环模式的研究虽然起步较晚，自20世纪90年代以来也相继建立了一维至三维的海洋碳循环模式，但带生物泵的碳循环模式还只是一维和二维的(邢如楠，2000)。这些模式基本上能描述海洋吸收和输送CO_2的机制与过程，以及模拟自工业化革命以来大气中CO_2的增加。

海洋生物过程对海洋吸收大气CO_2的能力起着重要作用。海洋中的碳循环过程是一个复杂的生物化学过程，大气中的CO_2通过海气界面进入海洋，通过海洋环流、海洋生物和海洋化学之间的关系转化为碳的化合物，从海洋上层进入到海洋深层，碳的这种垂直沉降转移就是“生物泵”过程。因此，要研究海洋内部碳量的变化，就必须考虑生物泵过程。

全球碳循环可看成是陆地动力学子模型和海洋碳子模型相联系的一箱大气。为了估算海洋对大气CO_2汇的大小和能力，已经建立了许多不同的模型。这些海洋碳循环模型主要可分三大类：箱式模型(Box Model，BM)、海洋环流模型(Genera1 Circulation Model，GCM)，以及箱式模型与海洋环流模型相耦合的海洋生物化学环流模型(B-GCM)。

箱式模型(BM) 箱式模型是把海洋简单地处理为几个或十几个(少数至几十个)均匀混合的箱，箱与箱之间的水流是通过使示踪物的计算浓度与观测分布相符的方法来计算的，此类模式无法很好地描述未来环流改变后的海洋对CO_2的吸收情形。

箱式模型包括箱式扩散模型(Box-diffusion model，BD)、露头扩散模型(Out-crop-diffusion model，OD)、多箱模型(Multi-box model，MB)和高度-纬度交换/内部扩散平流模型

(High-Latitude Exchange/Interior Diffusion Advection Model, HILD-A)。这些箱式模型有许多共同之处，它们都使用^{14}C进行参数化，均包括了海洋化学过程及海洋各层之间进行的混合作用，然而他们之间也存在一些明显的区别。其中，只有多箱模型明确包含有海洋生物学的内容，而箱式扩散模型和露头扩散模型等模型中只是将其合并到扩散过程的参数化中。在这两个模型中，所有物理现象用单一作用的涡流扩散常数，而多箱模型和高度-纬度交换/内部扩散平流模型则既有平流扩散又有涡流扩散。同时，在海洋化学处理方法的复杂性方面，多箱模型对碳酸盐-硼酸盐的平衡系统做了详细处理。

海洋环流模型(GCM) 海洋环流模型不同于箱式模型，海洋环流模型的水流来自对真实海洋动力学模拟的结果，它对海洋的处理是按一定的规则分割成网格。

箱式模型对海洋大面积的过程进行平均化处理，并对海洋的循环和混合通过各箱之间的扩散和转移进行参数化。相比之下，海洋环流模型更为逼真，因为它主要是建立在地球物理流体动力学基本原理的循环、温度和盐度的基础上。海洋环流模型的结构更加复杂，它把海洋分为更多的箱，所以调节和校准一个海洋环流模型非常困难，而且很费时。

目前，估测海洋对大气CO_2吸收的海洋环流模型主要有3种：汉堡模型(The Hamburg Model)、普林斯顿模型(The Princeton Model)和巴黎模型(The Paris Model)。

海洋生物化学环流模型(B-GCM) CO_2的分压是由海水表面中的碱度、总CO_2浓度、盐度和温度所决定的。海洋表面的碱度和总CO_2浓度值比全球海洋的平均值小很多，这是由于生物活动和海洋环流造成的。生物过程还影响它们的分布。海洋中影响碳循环的主要生物过程是海洋表面的新生产以及在深海的再矿化过程。在海洋表面生物过程中产生的颗粒性有机碳(POC)和以方解石为代表的碳酸钙等物质下沉到深海，并在那里再矿化，以此影响碱度、CO_2 浓度和磷酸盐等物质在海洋中的分布，最终影响海洋中的碳循环过程。因此，一个好的海洋模式必须能够详细地反映海洋中碳的各种重要化学和生物化学过程以及重要的地形和环流特征。

海水中碳的循环过程是一个十分复杂的生物化学过程，海洋中碳的向下输送大部分与海洋生物过程有关。在海洋表面的透光层中，大量的浮游植物通过光合作用，吸收海水中的 CO_2，将其转化为颗粒有机碳，形成 NPP。NPP 的大部分在透光层中再循环，只有一小部分下沉到深层，并在下沉过程中被氧化分解和溶解。净第一性生产中下沉到深海的这一部分叫做新生产，新生产的量级约占净第一性生产的 1/10，海洋 GPP 约为 20～45 $Gt \cdot a^{-1}$，而新生产的量级约为 3 $Gt \cdot a^{-1}$，由有机物生产、沉降和分解等一系列生物过程构成的碳从海洋表层向深海转移，称为"生物泵"。

海洋生物化学环流模式是包含简单生物化学过程的海洋环流模式，主要由三个部分组成：海洋环流模式、海洋碳化学和海洋生物过程。它不但能用来研究海洋流场、温度和盐度，而且能用来研究海洋中的各种生物化学物质，如营养物和溶解氧等。其主要优点表现在以下 4 方面：

- 以实际的海洋环流及生物化学过程为基础，减少了不确定性。在一维模式中要对海洋的物理特性作高度的参数化，其结果依赖于对 ^{14}C 等气体的标定；而三维碳循环模式以实际的海洋环流为基础，可以更加真实地模拟大气和海洋之间的交换和海洋生物过程的作用。
- 可以对自然碳循环进行深入的研究。海洋生物过程在海洋自然碳循环过程中有着重要的作用，海洋生物化学物质的分布在很大程度上决定了碳在海洋中的分布，只有用三维海洋生物化学环流模式才能更好地模拟海洋自然碳循环。
- 只有用三维模式才能有效地研究与 CO_2 有关的气候变化及反馈过程。在计算大气 CO_2 增加对气候的影响时，人们发现由于大气变暖，高纬度海洋热损失减少，导致海洋深水交换减少，这样一来，传送到深海的 CO_2 将减少，海洋吸收的 CO_2 也随之减少。在这里海洋环流与海洋生物过程相互作用。由于环境条件的变化，箱室扩散模式中的参数较难确定，只有用海洋生物化学环流模式才能对此进行较好的研究。

- 可以得到 CO_2 空间和时间分布，并与观测资料进行对比。目前有很多观测计划正在进行大气和海洋中 CO_2 的观测，如全球海洋通量联合研究等。模拟得到的空间和时间的分布值可以直接与观测值进行对比，使人们能更好地分析、研究所得到的结果。

邢如楠(2000)用带生物泵的碳循环模式对带生物泵和不带生物泵(死海)两种情况下海洋对大气中 CO_2 吸收能力进行了对比模拟。试验结果表明，在带生物泵情况下，大气中 CO_2 浓度最终达到了 315 ppmv，此值刚好是观测的 1960 年大气中 CO_2 的含量，大气 CO_2 浓度实际只增加了 35 ppmv，海洋吸收了 42%。在不带生物泵(死海)情况下，最终大气 CO_2 浓度达到了 336 ppmv，即大气 CO_2 实际增加了 56 ppmv，此时，海洋吸收大气 CO_2 仅为 7%。这一试验结果表明，正是海洋生物泵过程大大提高了海洋吸收大气 CO_2 的能力，显示了海洋生物泵在全球碳循环和调节气候变化中的重要作用。

耦合大气环流模式的碳循环模型

由于温室气体处在大气中，大气环流运动对碳循环将产生较强的影响。同时，大气环流模式能更好地反映出温室气体，尤其是 CO_2 对气候的影响过程。

海气耦合的大气环流模式

海洋与大气存在热量、水分、动量交换的相互作用，所以海洋在全球碳循环中非常重要，利用海气耦合的大气环流模式，能更好地了解全球碳循环。基于海气耦合的大气环流模式对3种情况——(1)目前CO_2含量保持不变；(2)以每年1%的增长率在70年后达到2×CO_2，并保持不变；(3)以每年1%的增长率在140年达到4×CO_2并保持不变——积分500年，模拟CO_2浓度增加的气候效应。研究表明：在2×CO_2情况下，500年内全球平均地面气温增加3.2℃。在4×CO_2情况下，500年内全球平均地面气温增加了6.5℃。由于温度增加，海水会发生热膨胀，对海水热膨胀导致全球平均海平面上升的模拟结果也表明：在目前的大气CO_2浓度水平下，海平面上升并不明显。在2×CO_2中，在500年中总增长为1 m。在4×CO_2中，在500年中总增长为1.8 m。如果计入融化的冰川水，海表面上升还要大。在该工作中仅考虑了大气CO_2含量变化后对海气系统变化的影响，并没有考虑海洋对大气CO_2浓度变化的直接作用。海洋对大气CO_2的作用主要通过两个途径来进行：

海水对大气CO_2的溶解吸收　海洋与大气之间除了热量、动量和水分交换之外，还存在着气体交换。海水是一种电解质，大气中的CO_2在海气界面处溶解到海水中，大气CO_2含量越高，CO_2的溶解度越大，海水溶解CO_2的过程较长，矿物燃料燃烧释放出的CO_2在经过长时间累积后有很大一部分会被海洋吸收，大气CO_2的含量很大程度上依赖于海洋吸收CO_2的程度。

海洋中的生物活动　海洋是一个CO_2生物泵，海水表层的微生物和动植物以溶解碳酸盐的形式吸收CO_2，并以动植物残骸等形式将碳从海面携带到海洋深处，CO_2从而进入到海洋深处。海洋生物泵的净效应是减少海洋表层水的含碳量，从而使海洋从大气中吸收更多的CO_2，而海洋对流混合及上翻涌流等上升运动，可以将海洋深层水抬升到海洋表面，从而使CO_2又从海洋进入大气。例如，厄尔尼诺现象就是通过风应力变化而导致富含碳和营养物的海洋深层水上涌运动急剧减少来对全球碳循环发生影响的。所以，海洋过程主要通过海洋的盐度、海表温度和海洋中控制碳存贮的有效生物群的变化来对全球碳循环发生影响。

海洋对 CO_2 的溶解过程，一般可采用海洋扩散模式或放射性同位素示踪物方法进行研究。考虑海气交界处 CO_2 各处溶解性不同导致非线性过程的海洋碳循环模拟表明，海洋溶解 CO_2 的过程非常缓慢，但长时间累积效果显著。当大气 CO_2 突然增加的 100 年后，由于海洋的溶解作用，大气中增加的 CO_2 大约有一半以上被海洋所吸收。但是大气 CO_2 增加量越多，海洋的吸收量越大，海洋的吸收率增加越慢。

考虑到“生物抽吸”作用、海洋生物抽吸过程(即 CO_2 在海表被吸收生成有机物质和碳酸钙，有机物与碳酸钙向深层输送，在深海有机物新陈代谢及碳酸钙溶解形成无机碳及养分)，以及考虑磷作为有限营养物质将碳存贮与生物群相联系时，基于海洋生物泵的海气耦合大气环流模式研究结果表明，由于全球变暖导致的海气热通量的输送过程的变化以及海洋生物泵的作用，海洋对大气 CO_2 吸收的最大影响区域发生在南半球海洋。在全球变暖时，海洋对大气 CO_2 的吸收要小于正常条件下的吸收，其主要原因是气候变暖引起高纬热通量扰动和海洋输送过程的变化，从而导致由大气进入海洋的净热通量减少，海洋上层水层结增加，这样沿等密度面垂直混合以及对流翻转减少，阻止了下层暖水的上涌，相应地，海洋碳向上输送减少。初始时刻海气交界面的 CO_2 零净通量平衡的破坏，导致深海碳沉积，海表面碳吸收减少。

目前对大气圈碳循环研究的模式方法中，三维海气耦合大气环流模式结合生物过程模式能给出更精确、更细致的模拟结果，成为未来最主要的研究工具，相比之下其他方法较简单，计算容易，所得结果也比较粗糙。

陆气耦合的大气环流模式

CO_2 增加不仅对陆地植被的生长有影响，还会对植被种类、土壤类型产生影响。Smith 和 Shugart(1993)发展了一个陆气耦合的大气环流模式,以模拟温室气体增加对陆地碳存贮的影响,并分别考察了 $1\times CO_2$ 和 $2\times CO_2$ 时生物圈的响应。该模式中植被的改变分为 3 种情况:

(1)由于气候变暖导致的干旱现象,使现有的一部分植物在气候条件改变后无法生存,假设每年有 2%的碳由于上述原因从原植被中损失,这种损失是瞬时发生的。

(2)植物生存的气候条件改变后,老植物死亡,新植物生长,假设每年有 0.4%老植物死亡,0.4%的新植物生长起来,两项相抵消。

(3)在植物生存的气候条件改变后,有新旧物种的替换,这种替换会使生态系统的特征结构发生较大改变,不是瞬时就能完成的,因此假设植被替换速率为每年 0.1%。

模拟结果表明,气候变暖后,植被和土壤类型变化导致陆地 CO_2 释放比陆地植物的碳存贮要多,使植被-土壤系统成为一个 CO_2 源。

小　　结

大气环流模式,特别是海气耦合的大气环流模式,可以较详细地描述气候系统中各种物理过程的演变,给出影响碳循环的大气动量、能量、水分等的具体变化过程,适用于研究范围大、积分时间长的问题,计算精度较高,是目前研究碳循环问题中最完善的数值模式。但模式庞大,计算复杂,引入误差的机会也就更多一些。海气耦合的大气环流模式在研究全球碳循环动力过程时还存在很多问题:如对海洋生物过程的描述过于粗略,甚至无法描述海洋生态的变化,而这种变化对海洋碳存贮的影响比海洋动力改变的影响还大,模式的时间尺度也与生物过程不太匹配;很多模式的输送过程都用参数化,有必要对不同参数化过程的可靠性进行检验。这些都是尚待解决的问题。

生物圈的运动有不同的特点,目前的生物圈模式是多层次、多尺度的。从叶面生物物理模式、冠层的大叶模式、土壤-植被-大气传输模型(SVAT)到植物生理模式、植被动力学模式等。时间跨度从几分钟到100年以上,空间跨度从几厘米到上千千米。不同层次与尺度之间的结合是十分复杂的,从而也使大气模式与生物圈模式耦合变得更困难。由于目前对大气圈和生物圈相互作用过程的认识还不够充分,以及计算条件的限制,无论是海气耦合模式还是生物圈模式,大多数都还不能很好地实现气候系统和生态系统之间的双向反馈。与生态模式相比,气候模式的分辨率比较粗,如气候模式分辨率一般为几百千米,在模式的格距区域内可能包括多种生物群落,显然在如此粗的气候模式格距区域内难以描述生物群落的变化物征,使得模拟结果不够理想。土地利用的变化对碳循环的作用也不可忽略,人类利用土地一般使它的碳储量减少,因为森林砍伐和燃烧、凋落物分解等都将生态系统的碳转化为大气中的CO_2。当森林再生时,又变成吸收大气CO_2的汇。当土地利用的分布状况发生变化时,会出现陆地碳存贮的净变化。但现在还没有对全世界的森林和农业进行完整的碳循环模拟。

模式方法,尤其是三维大气环流模式,可较详细地描述碳循环的动力机制,精确度也比较高,但计算量大;而统计方法简便,直观,计算量小,研究碳的源汇分布很方便,但对碳循环动力过程的描述缺乏足够的能力。

海洋和陆地生态系统在地球系统的碳循环中具有非常重要的作用。当大气CO_2含量增加时,海洋和陆地生态系统对CO_2的吸收能力都会增强。对碳循环模拟的准确性在很大程度上取决于模式对海洋和陆地生态系统各物理过程描述的准确性。尽管目前对碳循环的研究取得了较大进展,但仍有许多问题有待进一步的研究。最主要的是对碳循环的源汇问题尚不清楚。在CO_2自然循环过程中,海洋和地幔是大气CO_2的主要源,陆地植物是主要汇,源汇大体上保持平衡，CO_2 浓度基本保持不变。由于人类活动（矿物燃料燃烧、森林破坏）及有机物腐烂分解、燃烧等所产生的 CO_2 对此过程影响较大，而且这些因素存在许多不确定性，无法准确定量描述。另外，在数值模式中有关植被的物理过程参数化问题、植被碳吸收与营养物质的结合问题、洋流变化对碳循环的影响、气候系统与大气 CO_2 之间的反馈过程等都存在许多不确定性。碳循环资料的不足，也是碳循环研究的一大障碍，建立一个地球系统的碳循环资料观测系统也将成为一个十分重要的问题。在综合研究的基础上，建立大气-海洋-陆地-生物-化学以及社会过程（人类工农业活动影响）的耦合模式是未来碳循环研究中的一个重要目标。

全球碳循环的模拟研究对了解地球系统中各圈层的相互作用以及气候系统的变化具有重要意义。大气 CO_2 含量对气候变化有重要影响，而气候变化又同样会影响大气 CO_2 含量。碳元素的循环是在整个地球系统内部的大气圈、水圈、生物圈、岩石圈之间进行，包括沉积等空间尺度大、时间尺度长的过程，也包括如植物光合作用、呼吸作用等时间、空间尺度都很小的过程。在碳循环过程中的各种尺度匹配问题非常重要。同时，地球各圈层之间的作用是非线性的，尤其是在考虑人类活动影响之后，这种非线性过程如何考虑？这些都是未来研究中的重点和难点。为此，未来全球碳循环的模拟应加强以下方面的研究：

- 加强生态系统碳循环的强化观测，建立地球系统的碳循环资料库；
- 陆地碳循环模型应综合考虑生态系统的动力学特点，集成陆地碳循环的各个过程；
- 碳循环模型与气候模型相耦合，建立全球生态生理模型和决定植被对气候反馈的植物生态生理机制，研究陆地生态系统和大气之间的动态响应和相互作用，揭示其中的反馈机制，用相关的气候变量来预测生物群落分布，以及陆地生态系统对气候变化的响应；

- 加强人类干扰对碳循环的影响研究，尤其是土地利用和土地覆盖变化对陆地碳存贮的影响；
- 由于遥感在全球变化研究中的重要作用，遥感数据已经成为陆地碳循环研究的重要的数据来源，地理信息系统和遥感在建模过程中的作用应得到充分重视；
- 在综合研究的基础上，建立包括大气-海洋-陆地-生物-化学以及社会过程（人类工农业活动影响）的耦合模式。

第六章 全球碳收支

土壤碳收支

土壤是由母岩、气候、生物、地形和时间等五大因素共同作用下形成的地表风化物，是陆地生态系统中最大且周转时间最慢的碳库。土壤的碳贮量约是植被碳贮量的 2.5～3 倍，是全球生物地球化学循环中极其重要的部分。正因为如此，土壤有机碳的分布及其转化正日益成为全球碳循环研究的热点，是全球变化研究的核心问题之一。

土壤碳库包括有机碳库和无机碳库两大部分。其中，土壤无机碳库占土壤总碳库的比例较小，而且无机碳在全球碳循环中的交换量很少，因此关于无机碳（即碳酸盐碳）的研究较少。发生碳酸盐碳累积的土壤主要分布在荒漠和半荒漠区，全球土壤碳酸盐碳库估计为 780～930 Gt。据估算，全球土壤碳贮量约为 1 200 GtC，与大气进行交换的土壤有机碳约占陆地生态系统碳贮量的 2/3。土壤碳贮量大，驻留时间长，这使得土壤成为一个巨大的碳库。

土壤碳排放与土壤有机碳密切相关。土壤碳排放一部分来自无机源,包括天然碳酸盐矿物和石灰的施用。除灌溉的干旱和半干旱农业土壤外,天然碳酸盐矿物风化产生的碳通量较小,可忽略不计。而作为对土壤碳排放有着重要影响的土壤有机碳则与输入土壤的光合作用固定碳和土壤有机碳分解密切相关。输入到土壤中有机质的数量和质量,以及土壤有机碳的分解速率主要取决于气候、土壤、土地利用和管理及其相互作用。对自然生态系统而言,气候和土壤状况直接影响着土壤有机碳的生产率和分解速率;而对农业系统而言,土地利用和管理则不仅通过作物残余物的生产、作物选择、施肥、收获和残余物的管理影响土壤有机质的输入,亦能通过改善田间小气候和土壤条件(如作物选择、整地、覆盖物、施肥、灌溉和施用石灰等)影响土壤有机质的分解速率。

土壤碳排放的估算,或直接测定,或通过土壤碳蓄积的净变化间接估算。通过光合作用直接估计固碳量和通过分解作用、呼吸作用直接估算碳排放量均较困难。首先是因为,要克服昼夜、短期和季节变化的影响,必须进行连续测定,这样才能得到较精确的年估计值;其次是整个通量的各个分量是在迥然不同的时间尺度上进行的,如植物呼吸作用和有机质的矿化时间尺度有很大差别;最后,相对于土壤固碳量与碳排放量两个较大数值而言,碳通量是大数之间的小值,难以保证精度。为此,土壤碳排放可通过土壤碳蓄积的净变化间接估算,通常采用清单方法。

所谓清单方法是指基于若干年中产生的土壤碳变化的外场观测研究,对实验样地或具有时间代表性的地块(如在取样前曾在不同时期经历过不同的土地利用变化或管理)的土壤碳进行取样,并反复测定以获取土壤碳变化的最直接数据。这些测定数据,再加上实验室试验资料,可用来建立土壤碳变化的统计模式和模拟模式。

为此,IPCC 和(OECD)于 1996 年专门编制了土壤碳排放估算模式,并考虑了土地利用变化和管理的影响,以为评估各国履行《联合国气候变化框架公约》提供定量依据。

土壤碳收支估算模式

气候对土地利用、管理、实际耕作以及土壤碳贮量都有较大影响，在利用清单方法清查碳蓄积量变化时，首先要划分气候类型以确定主要的土壤类型。IPCC/OECD 根据气候对作物和实际播种的限制作用划分了 8 种气候类型，即：

- 寒温带(干旱)
- 寒温带(湿润)
- 暖温带(干旱)
- 暖温带(湿润)
- 热带(干旱)
- 热带湿润(具有长的干季)
- 热带湿润(具有短的干季)
- 热带(潮湿)

表 6.1 土壤类型的划分

土 壤 类 型	FAO 土壤系统	美国农业部(USDA)土壤系统
高黏粒活性矿质土	变性土，黑钙土，黑土，淋溶土	变性土，软土，高盐基(碱)性淋溶土
低黏活性矿质土	强淋溶土，强风化弱黏淀土，铁铝土	老成土，氧化土，酸性淋溶土
砂质土	砂土，砂质松岩性土	砂质新成土
火山灰土	暗色土(火山灰土)	火山灰土
潮湿土壤(潮湿土)	潜育土	潮湿土壤亚纲
有机质土(有机土)	有机土	有机土

资料来源：IPCC/OECD，1996。

根据土壤固有的碳贮量及其对管理的响应划分 6 种土壤类型，见表 6.1。土壤质地和黏粒矿物对土壤有机质含量有重要影响，据此将土壤划分为高黏粒活性土、低黏粒活性土、砂质土和火山灰土 4 类；根据土壤水分状况划分其他两类土壤：潮湿土和有机土。

土地利用变化和管理(包括自然植被的清理、耕地转变为多年生植被和轮垦、耕地、作物残余物还田、土地撂荒、有机土壤的农业利用、施肥等)通过改变对土壤的碳输入及改变土壤有机质的分解速率影响土壤的碳排放。

根据 IPCC/OECD 的建议,农业土壤碳排放主要包括:

- 土地利用方式和管理的变化引起的矿质土壤中土壤和凋落物层碳贮量的变化;
- 已转变为农田和人工林的土壤碳排放;
- 农业土壤中施用石灰肥料引起的碳排放。

矿质土壤碳贮量变化的计算 IPCC 认为,土壤碳库的估计应当包括土壤表层 30 cm 内的总有机碳含量和地表凋落物层的碳含量。如果凋落物层存在(例如森林、草地和牧场),森林清理所产生的木质废弃物不应重复统计,耕作系统中的新鲜作物残余物亦不应统计。IPCC(在 6 种土壤类型的一种或几种之内)根据土地管理类别确定的土壤碳累积估算方案是由参加国家的专家来确定的,以尽可能地利用国家层面的土壤调查、野外研究和长期农业实验方面资料,经土壤学家和农学家整理后提供最佳的碳累积估计值。

无机土壤碳排放的计算基于土壤(和凋落物)中碳贮量变化的统计资料。土壤(和凋落物)中碳贮量的变化是土地利用变化和农业管理实践变化的函数。为了计算碳贮量的变化,需要利用 20 年的清查期资料。例如,要计算 1990 年(清查年)的清单,就要确定 1990 年和其 20 年前(即 1970 年)的气候、土壤、土地利用方式与相应的土地面积,然后确定每一类别土壤中的土壤碳蓄积量,将两年土壤总碳蓄积量的差值求和即为清查年土壤净碳通量的估算值。

对矿质土壤而言,只须考虑 30 cm 的表层即可,更深的土层也有一定的碳贮存,尤其是在热带土壤中,但与土壤顶层相比,它们受土地利用和管理变化的影响要小得多,而且较深层土壤的可用资料也很少。矿质土壤年净碳排放可估算如下：

$$H=G-F=C\cdot E-C\cdot D$$

式中 H 为每类土壤/土地利用类型的矿质土壤碳贮量的净变化（TgC·(20 年)$^{-1}$），负值表示土壤为碳源，正值表示土壤为碳汇；F 为 20 年前（如 1970 年）的土壤碳贮量（TgC）；G 为清查年（如 1990 年）的土壤碳贮量（TgC）；C 为土壤碳含量（MgC·hm^{-2}）；E 为清查年某一土壤/土地管理系统组合的面积（Mhm^2）；D 为 20 年前某一土壤/土地管理系统组合的面积（Mhm^2）。将各种土壤/土地利用组合的 H 值求和即为矿质土壤的年净碳总排放量。

表 6.2 自然植被土壤（10～30 cm）的含碳量

单位：(tC·hm^{-2})

气候带	高活性土	低活性土	砂质土	火山灰土	湿地土（潮湿土）
寒温带（干）	50	40	10	20	70
寒温带（湿）	80	80	20	70	180
暖温带（干）	70	60	15	70	120
暖温带（湿）	110	70	25	130	230
热带（干）	60	40	4	50	60
热带（具有长干季的湿区）	100	50	5	70	100
热带（具有短干季的湿区）	140	60	7	100	140

资料来源：IPCC/OECD，1996。

如果缺乏土地利用和土壤类型的土壤碳密度值，可使用 IPCC/OECD 基于美国农业部自然资源保护局世界土壤资源处汇集的、按气候和土壤类型给出的自然生态系统土壤碳含量的参考值（见表 6.2）。这些数值可作为第一级近似值使用，而不应当认为是国家一级实际资料的较好替代资料。自然生态系统受人类影响后，可根据不同生态系统的调节因子估算系统的碳蓄积量，这些因子是相对于自然生态系统初始碳蓄积而言的，可表示如下：

管理系统土壤碳蓄积＝自然系统土壤碳含量×基本因子×耕作因子×输入因子

式中基本因子表示由自然植被转变为农业利用所导致的土壤有机质的变化；耕作因子和输入因子说明农业土地利用中各种管理实践造成的影响。

土壤有机碳损失的计算 将有机土壤转为农业利用通常伴随着人工排水、耕作或施用石灰，从而导致有机质的迅速氧化和土壤耗损。土壤碳排放的速率主要取决于气候、有机质成分（可分解性）、排水的程度以及诸如施肥和施用石灰之类的其他措施。与矿质土壤不同的是，有机土壤的碳损失可持续很长时间，直至有机土壤层全部损失掉。

大量排水和集约管理（如施用石灰和翻耕），使得作物土壤较牧场或森林的土壤损失的碳更多。研究表明，作物土壤碳的年损失率在寒温带地区（如芬兰、俄罗斯）为 2.2 $tC \cdot hm^{-2} \cdot a^{-1}$；温带地区（如中国、美国、中欧、东欧、日本）为 7.9～11.3 $tC \cdot hm^{-2} \cdot a^{-1}$；亚热带地区为 21.9 $tC \cdot hm^{-2} \cdot a^{-1}$；热带地区为 20.0 $tC \cdot hm^{-2} \cdot a^{-1}$，大约是暖温带碳损失率的两倍。

年土壤有机碳排放可计算如下：

$$C = A \times B$$

式中 C 为土壤有机碳的年净损失量（$MgC \cdot a^{-1}$）；A 为某一气候区用做作物生产或管理的牧场或人工林的面积（hm^2）；B 为土壤有机碳的年损失率（$MgC \cdot hm^{-2} \cdot a^{-1}$）。将各气候区各管理类型土地的土壤有机碳年净损失量求和，即得总的土壤有机碳年净损失量。

农田施用石灰引起的碳排放 施用石灰通常用来改善土壤的酸化，施用的化合物包括含有矿物质的碳酸盐，为石灰石（$CaCO_3$）、白云石（$CaMg(CO_3)_2$）等。当在酸性土壤施用石灰时，则会释放 CO_2，CO_2 释放量与土壤状况和施用的化合物有关。在多数施用石灰的情况下，常常隔几年就重复一次。为此，假定石灰的施用率与前几年施用石灰的消耗率近似平衡，进而可根据一个国家或地区每年施用的碳酸盐石灰总量和成分计算由于施用石灰引起的碳排放：

$$C_1 = A_1 \times B_1$$

式中 C_1 是施用石灰所引起的碳排放(MgC)；A_1 为国家范围内施用各类石灰的年总量(单位：Mg)，施用石灰的类型可分为 $Ca(CO_3)$ 和 $CaMg(CO_3)_2$；B_1 为碳的转换系数(其中 $Ca(CO_3)$ 取 0.120，$CaMg(CO_3)_2$ 取 0.122)。

农业土壤的碳排放总量由以上 3 部分的合计求得。

中国土壤碳贮量及其区域特征

李克让等(2002)采用 IPCC/OECD 推荐方法，基于全国第一次和第二次土壤普查资料，对中国土壤碳库进行了估算。

计算结果表明，20 世纪 80 年代第二次土壤普查时，我国土壤的平均容重为 1.30 $g \cdot cm^{-3}$，土壤剖面的平均厚度为 87 cm，平均有机质含量为 1.78%，土壤平均碳密度为 10.53 $kgC \cdot m^{-2}$。按陆地国土面积 877.63 Mhm^2 计算，中国陆地土壤有机碳总贮量约为 92.418 Gt。

全国第一次和第二次土壤普查资料

全国第一次土壤普查(1958～1960 年)的各类型土壤剖面有机质含量、厚度、容重数据主要取自《中国土壤》(熊毅、李庆逵，1978)，共有 236 个具有代表性的土壤剖面资料，土壤类型取自 1978 年中国土壤分类暂行方案。我国全境的土壤资源，南起南海诸岛的磷质石灰土和热带砖红壤，北至寒温带的漂灰土；从滨海平原的滨海盐土到西南青藏高原的草毡土、寒漠土等，再到西北的多种漠土、灌漠土等。

全国第二次土壤普查(1979～1994 年)的资料《中国土壤》(全国土壤普查办公室，1998)和《中国土种志》(全国土壤普查办公室，1995)记录了 2 473 个土种典型剖面，包括土壤剖面的地理位置、土层厚度、有机质含量、容重，面积数据。

中国土壤碳密度最高的是森林土壤和高山土壤(图 6.1),如广泛分布在我国东北的棕色针叶林土、暗棕壤、灰色森林土等森林土壤和分布在青藏高原东北部和东南部的沼泽土、高山草甸土、高山草原土等高山土壤,土壤碳密度明显高于其他地域。我国东北地区植被茂密,气候湿润,全年平均气温较低,地表常有滞水,有机质分解程度低,使得土壤有机碳累积很高。青藏高原东南部及四川西部,气候寒冷而较湿润,地表植被多低矮但丰富,有机物分解速度极为缓慢,草皮层和腐殖质层发育良好,进行着强烈的泥炭状有机质的累积过程。

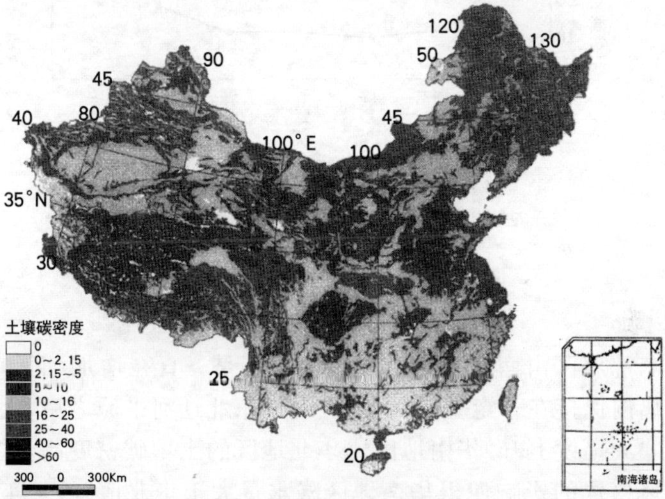

图 6.1 全国第二次普查的土壤碳密度分布图

(未包括台湾省和南海诸岛,单位:kgC·m^{-2};取自李克让等,2002)

东部地区 中国土壤碳密度的分布与我国土壤水平带谱一致。在东部地区表现为(图 6.2):随着热量的递减由南向北,植被类型依次为热带雨林、季雨林、常绿阔叶林、落叶与常绿阔叶混交林、落叶阔叶林、针阔混交林、寒温带针叶林,相应的土壤类型由南向北为砖红壤、赤红壤、红壤与黄壤、黄棕壤与黄褐土、棕壤、暗棕壤、棕色针叶林土,土壤碳密度是逐渐增加的。该地区热量和水分条件配合较好,森林植被覆盖率高,植被生产力高,地表凋落物层丰富,土壤有机质输入率较大,因而土壤碳量积累速率较高。土壤碳密度东部地区整体上普遍比西部地区高,大部分地区均在 8 $kgC \cdot m^{-2}$以上。

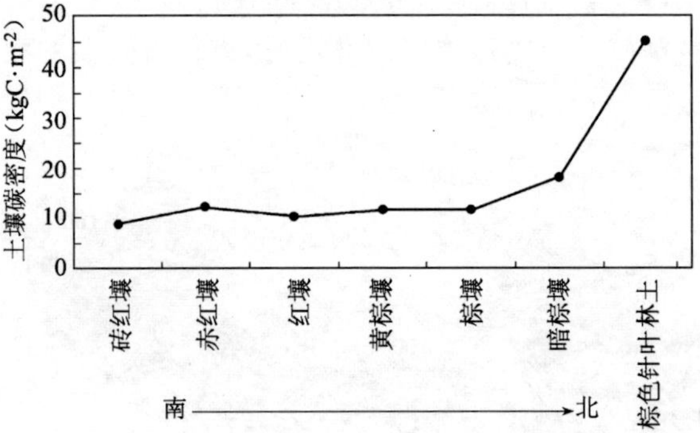

图 6.2　中国东部土壤碳密度分布
(取自李克让等,2002)

东部地区由南向北土壤碳密度并不是一直在增加,而是在一定距离内保持在一定基准面上,在经过东北辽河平原之后,土壤碳密度才大幅度上升。华南地区比华北地区的土壤碳密度高,这是因为季风气候的影响使得华南地区降水量大于华北地区,且年降水量随时间分配均匀;而华北地区较为干旱,降水集中分布在夏、秋季节,降水量不足;在水热条件组合上,华北地区不如华南地区使得植被类型差异大。华南东部地区虽然农业生产发达,但是山地丘陵地区多,热带、亚热带森林植被茂盛;华北地区多为平原地区,大部分成为农业用地,农业生产力低于森林生产力,从而引起土壤有机碳输入速率不同。另一个方面,华北地区农业开发活动非常早,且大多为粗放型经营,造成土壤有机质含量下降。

东北地区东部由于森林覆盖率高,地表凋落物量高于华北和华南地区,加上人类大规模农业开发和土地利用历史较短,土壤有机质损失很少。更为重要的是,东北地区位于中高纬度,气温低,造成土壤微生物活性高的时间短,降水多,沼泽地带分布广,土壤有机质分解速率低于华南地区的土壤,造成该地区土壤有机碳含量高。而华南地区降水丰富,地表凋落物存留时间短,水土流失严重,则进一步导致华南地区土壤碳密度的降低。

北部地区 我国北部地区土壤碳密度有随经度减小而递减的趋势。由东向西,随着水分的递减从湿润温带森林的暗棕壤,向西依次为黑土、灰色森林土、黑钙土、暗栗钙土、栗钙土,至表层累积甚少的淡栗钙土、草被稀疏矮小的棕钙土,再向西,则进入荒漠地带,干旱少雨,植被覆盖率低,出现有灰漠土、灰棕漠土,土壤碳密度逐渐降低(图 6.3)。

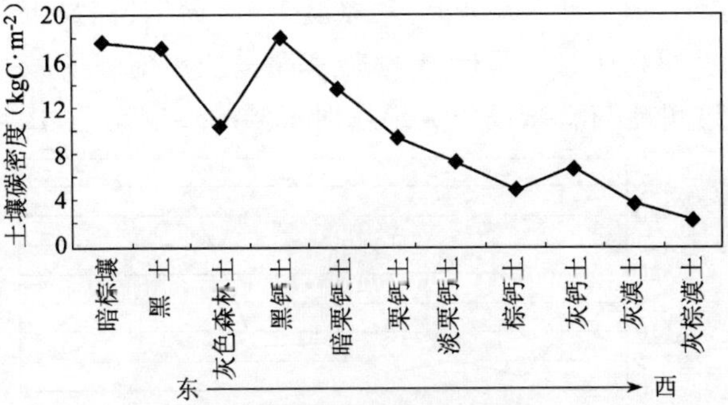

图 6.3 中国北部土壤碳密度分布

(取自李克让等,2002)

从东北湿润地区到西北干旱半干旱地区,距海洋越来越远,海洋水汽越来越少,植被生长逐渐稀疏,使得土壤有机质输入减少,最终导致土壤碳累积降低。水热组合是决定我国北部地区土壤碳贮量多少的主要原因,而过度放牧和开垦则是导致土地沙漠化、植被减少和土壤有机碳降低的重要原因。

西部地区 西部地区土壤碳密度的分布特征与该地区的热量、水分空间分布特征一致。土壤碳密度在新疆准噶尔盆地—塔里木盆地—青藏高原一线由 0～2.15 kgC · m^{-2}到 16～25 kgC · m^{-2}逐渐升高。我国中南部红壤、砖红壤、赤红壤、黄棕壤、褐土、棕壤等分布地区的土壤碳密度在 2.14～10 kgC · m^{-2}，分布面积最广，表明我国广大地区土壤有机碳含量不高。

西部地区土壤碳密度呈现出随纬度减小而增加的趋势，图 6.4 给出了沿 85°～105°E 和 28°～47°N 的南北剖面图。我国北部的阿尔泰山灰黑土、黑毡土区向南，经过准噶尔盆地风沙土、灰漠土、灰棕漠土区，北疆山前伊宁盆地灰钙土、绿洲土、盐土区，塔里木盆地、罗布泊棕漠土区，到达青藏高原草原土带，雅鲁藏布江河谷冷棕钙土、黑毡土区，中喜马拉雅山北侧冷钙土带，主要土壤类型有灰黑土、风沙土、灰漠土、灰棕漠土、灰钙土、棕漠土、寒钙土、冷棕钙土、黑毡土、冷钙土，土壤碳密度呈现出随纬度减小而增加的趋势，这可能与青藏高原大地形对气候的影响有关。山地迎风坡

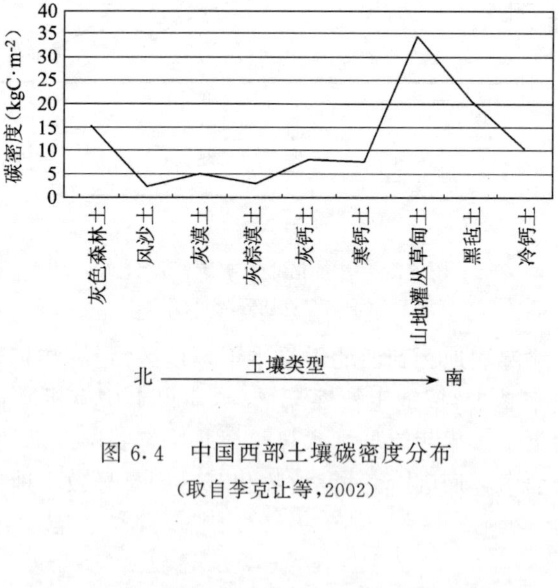

图 6.4 中国西部土壤碳密度分布

（取自李克让等，2002）

降水丰富,植被茂盛,土壤碳密度一般大于背风坡。青藏高原受印度洋暖湿气流的影响,气温低于北部盆地,植被较好,从而使得青藏高原土壤有机碳的输入速率和积累速率高于北部盆地和沙漠地区。

中西部地区 由于大地形和季风的影响,在我国中西部之间跨地势的第三和第二阶梯使得我国土壤碳密度水平分布并非简单地表现出沿上述经线与纬线呈东-西或南-北向变化,还有一定的偏转,土壤碳密度在界线两旁的差异较大。处于第三阶梯的地区主要是位于大兴安岭东侧的东北平原西部,包括松嫩沙地和科尔沁沙地;而处于第二阶梯的地区则包括辽西山地、大兴安岭南部的低山丘陵、冀北山地、黄土高原、秦岭和大巴山地、横断山区以及云贵高原的大部分地区,总面积超过 200 万 km^2。

从东北到西南,中部过渡带的土壤类型主要为黑钙土、暗栗钙土、草甸土、风沙土、褐土、黄绵土、淡灰钙土、黄棕壤、棕壤、黄壤、紫色土、红壤、黄红壤、山地棕壤、山地草甸土、石灰土;自然植被也由北方的温带森林、森林草原过渡到羊草草原、针茅草原、山地森林、山地灌丛,原始森林破坏严重,气候变化大。由于自然和人为因素的作用,中西部过渡带生态环境恶化,水土流失严重,土壤有机碳含量也不断下降。

由图 6.2 和图 6.5 可见,我国中西部过渡带地区土壤有机碳含量随植被类型和土壤类型的变化而变化。东北地区植被覆盖率高,土壤碳密度较高,向西南逐渐降低,尤其在辽西、冀北、晋北丘陵低山侵蚀区,土壤碳密度是最低的,再向西南秦巴山地、横断山地,土壤碳密度又有所增加,表明中西部过渡带地区土壤碳贮量差异很大,反映了自然环境、人文作用的综合作用。

据估计,全球土壤碳贮量在 1 143～1 537 GtC 之间,全球平均约为 1 200 GtC。中国陆地土壤有机碳总贮量约为 92.418 GtC,约占全球土壤碳贮量的 6.78%。考虑到中国陆地国土面积仅占全球陆地面积的 6.4%,平均土壤碳密度约为 10.53 $kgC \cdot m^{-2}$,与全球碳密度 10.40～10.77 kgC·m⁻²相当，说明中国土壤有机碳贮量对全球碳平衡具有重要的作用。

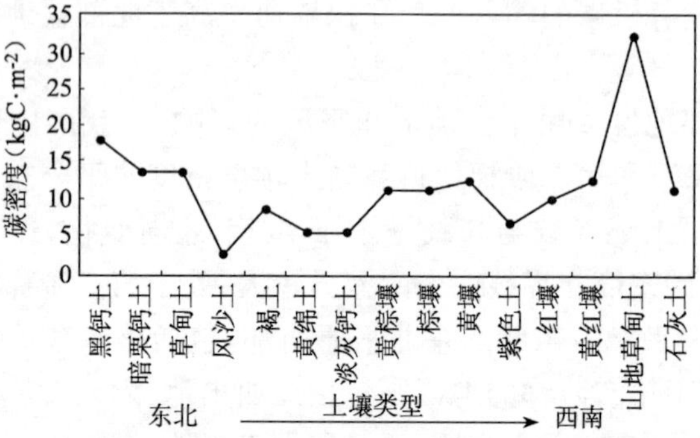

图 6.5 中国中部土壤碳密度分布
(取自李克让等,2002)

土地利用变化对中国土壤碳贮量的影响

土壤有机碳贮量主要由输入土壤的光合固碳速率与土壤有机碳分解速率决定，土壤侵蚀也在一定程度上导致局地土壤有机碳的变化。输入到土壤的有机质数量和质量以及土壤有机碳的分解速率与气候、土壤和土地利用/土地覆被、土地管理有关。自然条件下，植物光合作用速率、凋落物分解速率及土壤有机质矿化速率主要受气候和土壤的影响，因此气候与土壤是陆地碳平衡的主要决定因素。土地利用/土地覆被变化、农业活动、土地管理等将导致土壤有机物输入的变化，同时又影响局地小气候和土壤，进而影响土壤有机碳的分解速率。

土地利用/土地覆被变化通过改变土壤的碳输入速率和土壤有机质的分解速率影响土壤有机碳贮量。由于农业目的、公路和房屋建筑用地而清理自然植被(如森林、热带稀树草原、草地、湿地)，将会引起土壤有机碳输入的减少，以及由于土壤扰动引起的土壤碳分解的增加，最终导致土壤有机碳的减少，这已经在温带和热带地区得到证实。一般而言,土壤碳损失的大部分主要发生在开始的几年(10 年)内,在热带地区尤其如此。在有机质丰富的土壤中,特别是温带地区,土壤有机碳的缓慢减少可以持续几十年。土地利用方式的变化不仅直接影响土壤有机碳的含量和分布,而且通过影响与土壤有机碳形成和转化有关的因子间接地影响土壤有机碳的含量和分布,进而导致碳素从陆地生态系统释放到大气中,引起大气 CO_2 浓度升高。因此,准确地估算土地利用/土地覆被变化对陆地碳平衡的影响是当前全球碳循环研究的重点内容。

土壤有机质含量的变化是土壤质量与土壤持续能力的重要表征,由于土地利用和土壤管理对土壤有机质含量的变化起着非常重要的作用,因此,准确地模拟和预测不同土壤类型和不同土地利用方式下土壤有机碳含量的动态变化,对于定量控制各种管理措施具有非常重要的现实意义。迄今为止,全球已有 11%和 25%的自然植被已经转变为农田或草地,而仅有 6%的自然植被受到保护。据估计,1860～1980 年间由于森林砍伐大约向大气排放了 180 GtC,1990 年由于土地利用变化引起的净碳排放达 3.0 GtC,热带森林的破坏在其中起了主要作用。

土地利用/土地覆被变化使得土壤碳贮量和植被生物量减少,从而使更多的碳素排放到大气中,导致大气 CO_2 浓度增加,进一步加剧了全球变暖的趋势及与之有关的气候变化,引起恶性循环。中国在 20 世纪 60 年代～80 年代完成了两次全国性的土壤普查,两次普查时间相差约 25 年,可以用来研究 20 世纪 60 年代～80 年代之间中国土壤有机碳贮量的变化。可以看出(表 6.3;李克让等,2002),25 年来中国土壤平均有机碳含量减少了 0.12%,减幅达 6.31%;平均碳密度减少 0.08 $kgC \cdot m^{-2}$,减幅达 0.75%。由于两次普查中的土壤分类系统不同,加上土壤各类型面积统计资料来源不同,统计的国土面积略有差异。25 年间中国土壤有机碳净减少量达 8.20×10^8 tC,平均每年约减少 0.33×10^8 tC,使得中国陆地土壤成为一个小的碳源。

表 6.3 中国土壤有机碳贮量

项目	面积（亿 hm^2）	平均有机碳（%）	平均厚度（cm）	平均容重（$g \cdot cm^{-3}$）	平均碳密度（$kgC \cdot m^{-3}$）	碳贮量（亿 t）
第一次土壤普查	878.67	1.90	77	1.25	10.61	932.38
第二次土壤普查	877.63	1.78	87	1.30	10.53	924.18

20 世纪 80 年代全球由于土地利用变化引起的土壤碳排放平均每年约 1.6±0.7 GtC。中国由于土地利用变化引起的土壤碳排放约占全球平均年排放总量的 1.9%，表明中国土壤碳库对全球大气 CO_2 浓度上升的贡献相对较小。

中国土地利用/土地覆被变化引起的碳排放与我国在建国后以及改革开放所带来的经济大建设以及生产活动、政策等有关。中国人口从 1949 年的 4 亿剧增到现在的 12 亿多，引起城市建设和生活用地增加、耕地面积减少。例如，耕地面积从 1949 年到 1995 年的 47 年间绝对减少 290 Mhm^2，导致人均耕地已由 1984 年的 0.1 hm^2 下降到 1995 年的 0.08 hm^2（周广胜，1999）。市场经济发展带动的城市工业、乡镇工业、城市和交通道路建设的飞速发展，尤其是 1978 年改革开放以来，土地利用/土地覆被变化的速率大大加快。同时，中国森林覆盖率较低，为了养活巨大的人口，大量森林和草原转变为耕地，减少了土壤有机碳的输入，而耕作措施进一步增加了土壤腐殖质的矿化作用，降低了土壤有机碳存贮量。砍伐森林则导致植物残体释放碳素，土壤由于失去了植被的保护，水土流失加重，进入土壤的腐殖质减少，导致土壤有机碳累积进一步减少，最终导致土壤碳密度降低。全国水土流失面积达 367 Mhm^2，占国土面积的 38%。如果按照土壤平均碳密度 10.53 $kgC \cdot m^{-2}$ 和流失 10 cm 表土层计算，将损失 3.865 GtC。特别是近年来，北方沙漠化严重，过度开垦和放牧，草场退化也导致了土壤有机碳的释放。我国北方沙漠化严重，土地沙漠化面积达 149 Mhm^2，是国土面积的15.5%,从20世纪50年代末到70年代中,北方沙漠化面积每年的增长速度达157 000 km^2。

需要指出的是,李克让等(2002)对中国陆地土壤中有机碳的总量以及土地利用/土地覆被变化引起的土壤温室气体排放估算还存在许多不确定性,主要表现在以下方面:

- 全国第一次土壤普查的土壤主要是农业土壤,一些资料和数据并不完全合适。而且第一次土壤普查实测土壤剖面仅有236个,不能完全代表全国的土壤。
- 研究所用的各种土壤类型的深度不一致,从而可能导致土壤碳贮量估算偏小。
- 两次土壤普查使用的土壤类型划分系统不一致,国土面积统计结果不同,导致土壤碳贮量估算产生一定的误差。
- 土壤剖面样本的采集方法并不是系统采样。

总体而言,中国土壤有机碳贮量的空间分布的总体特征为:东部地区大致随纬度的增加而递增,北部地区随经度减小而递减;但存在一定的偏转,出现中西部过渡带,在西部地区则呈现随纬度减小而增加的趋势。但中国土壤有机碳的空间分布差异大,结构不均匀,土壤实测深度不一,类型划分不统一,土壤采样不系统,加之面积上的差异、估算方法不同,数据收集、处理等问题对土壤碳贮量的估算产生了一定的误差,需要进一步研究。特别是应加强中国土地的管理和森林的保护,开展大规模的人工造林活动以增加土壤碳贮量。

当前,土壤碳循环仍然是陆地碳循环研究中最薄弱的环节,尤其对土壤有机碳动态变化的了解更少,对全球土壤碳库的估计差异也很大。这是因为土壤具有复杂的结构,空间分布不均匀,气候以及陆地植被和其他生物的相互作用使得土壤的空间变异性很大;而区域尺度上的土壤碳循环研究仍然有大量的问题急需解决,例如土壤有机碳的驻留时间、凋落物分解速率、土壤呼吸作用速率、土壤内植物细根的周转速率、土壤容重等都缺乏标准化的观测方法；再者，土壤碳库估计中的不确定性还与土壤实测调查数据不充分有关，在土壤取样和分析方法、计算方法、土壤参数估计方法(例如土壤容重、质地、植物根量等)、土壤分类方法、土壤厚度和面积估算等方面存在种种差异；最后，控制土壤碳贮量的主导因子多，包括气候(温度和水汽)、植物类型、母岩(黏土含量和土壤排水层次)，而温度、水汽和颗粒大小在土壤剖面的不同深度变化极大。

典型生态系统碳收支

森林生态系统碳贮量和碳收支

森林作为最主要的植被类型，生物量和 NPP 约占整个陆地生态系统的 86%和 70%，土壤碳贮量约占世界陆地上壤总碳库的 73%，对于陆地碳循环有着重要影响。森林生态系统在碳循环中的作用很大程度上取决于森林的碳密度。为了解森林生态系统的碳收支及其对于全球碳循环的贡献，周玉荣等(2000)基于收集的 720 条森林生物量、生产力实测样地资料，420 条土壤有机碳资料，250 条年森林凋落物量与现存量资料，110 条土壤呼吸作用资料，估算了中国主要森林生态系统的碳贮量与碳平衡。

估算方法　森林生态系统的碳贮库由植被、凋落物和土壤 3 个分室组成，其碳贮量分别由这 3 个库的碳密度及各林分类型面积决定。植被碳贮量是基于生物量乘以转换比率，即干物质中碳的比重计算得来。这里讨论的生物量是某一时间内测到的生物体的总重量，即现存量(不包括凋落物贮量)。不同森林植被因其群落组成、年龄结构、林分起源的差异，转换率略有不同，此处采用国际上常用的转换率 0.45。

森林凋落物层是森林生态系统的一大特征(这里的凋落物不包括土壤中根系更新形成的凋落物)，是年凋落物量与分解量的差值。

凋落物碳贮量通过凋落物的现存生物量乘以比例系数 0.5 得来。

土壤有机碳贮量根据土壤剖面有机质百分含量推算：

土壤有机碳＝土壤容重×采样深度×土壤有机质百分含量×0.58×面积

式中 0.58 这一换算因子是指＜2 mm 的土壤颗粒有机质含碳量，是 100 多年前 Bemmelan 提出的。由于土壤类型分布与植被类型分布几乎是一致的，在此采用植被面积代替土壤类型的面积计算森林土壤碳贮量。

碳贮量不仅与碳密度有关，还与森林面积的获得途径有关。在此各种森林类型的面积采用林业部规划设计院 1989～1993 年森林资源统计数据，针叶林基本根据统计资料的类别，阔叶林则划分为 4 大类：落叶阔叶林、硬叶常绿阔叶林、常绿落叶阔叶林、热带林。落叶阔叶林包括栎(*Quercus*)类、杨桦(*Populus-Betula*)类、桐类(*Paulownia*)及其他非亚热带地区的阔叶混交林、阔叶林(硬阔类、软阔类、杂木林等)；热带林包括广东、广西、云南、四川、贵州等省的桉树(*Euealyptus*)、木麻黄(*Casuarina*)及海南省的阔叶林。

森林生态系统碳平衡包括输入与输出两个过程，输入与输出的差值即为生态系统净生产力(NEP)。若 NEP 为正，表明生态系统是 CO_2 汇，为负则是 CO_2 源。碳的输入主要是植被对 CO_2 的固定，输出包括群落呼吸作用、凋落物和土壤有机碳分解作用释放 CO_2，凋落物分解作用释放 CO_2 量几乎没有报道，这个分量与其他分量相比小得多。所以，

森林生态系统的碳收支＝植被总光合量－群落呼吸量－土壤呼吸量(不含根系呼吸作用，在群落呼吸作用中已考虑)

植被的年净固碳量＝年总光合作用－群落年呼吸量－地上年凋落物碳量故

系统的碳收支＝净固碳量＋地上凋落物碳量－土壤非根呼吸作用

其中,年净固碳量指的是植被 NPP 的年净增长量减去年凋落物量折合成的碳量。

森林碳密度 我国森林植被平均碳密度是 57.07 t · hm^{-2}。从樟子松林(31.10 t · hm^{-2})到热带林(110.86 t · hm^{-2})变化很大,但大多集中在 40～60 t · hm^{-2}之间,尤其是温性针叶林和暖性针叶林,相差很小。我国森林凋落物层碳密度一般规律是针叶林高于阔叶林;随着纬度升高而增加,按暖性针叶林、温性针叶林、寒温性针叶林的顺序递增。凋落物层碳密度最大的是云冷杉林和落叶松林,超过 20 t · hm^{-2},热带林最小(3.00 t · hm^{-2})。这很大程度上取决于水热因子、地域特点等。一般纬度越高,分解条件越差,凋落物积累越多。

土壤有机碳含量是土壤碳循环研究的基础,直接取决于地上、地下凋落物的输入和有机质分解,这二者与水热条件紧密相关,故土壤有机碳含量不仅与其上生长的植被关系密切,也受制于当地的气候条件。我国森林土壤平均碳密度是 193.55 t · hm^{-2},约是植被碳密度的 3.4 倍,其区域特征与植被碳密度呈相反趋势,随纬度升高而增加。土壤碳密度最大的是云冷杉林(360.79 t · hm^{-2}),最小的是暖性针叶林和热带林(116.49 t · hm^{-2})。云冷杉林下土壤呼吸作用较弱,故形成巨大的土壤碳贮库;而热带林下土壤呼吸作用速率最大,再加上茂密的植被源源不断地从土壤中吸收营养,形成大的植被碳贮库,故土壤碳密度处于较低水平。我国森林土壤平均碳密度与前苏联土壤层碳密度(244.1 t · hm^{-2})相比偏低,但与其他中纬度的国家相比(美国大陆:108.00 t · hm^{-2};澳大利亚:83.00 t · hm^{-2})则高得多,接近世界平均值 189.00 t · hm^{-2}。

我国森林生态系统(植被、凋落物层、土壤)平均碳密度是 258.83 t · hm^{-2}。其中云冷杉林碳密度最大,暖性针叶林最小;热带林和暖性针叶林的碳密度偏小。从森林净固碳力来看,热带林净固碳量最高,暖性针叶林与寒温性针叶林、温性针叶林、阔叶红松林相比,也较高(表6.4),但其碳密度却偏低,可能是由于我国暖

表 6.4 我国森林生态系统的碳收支

林分类型	面积 (Mhm^2)	净增长碳量		年凋落碳量		非根呼吸		碳收支(NEP)	
		平均	总计	平均	总计	平均	总计	平均	总计
落叶松林	9.687 0	3.90	0.38	0.58	0.06	1.77	0.17	2.71	0.27
云冷杉林	7.560 8	5.28	0.40	0.77	0.06	1.77	0.13	4.28	0.33
樟子松林	0.632 4	2.15	0.01	1.40	0.01	1.77	0.01	1.78	0.01
阔叶红松林	2.000 5	5.25	0.11	1.99	0.04	3.56	0.07	3.68	0.08
湿性针叶林	4.281 0	4.20	0.18	1.84	0.08	3.75	0.16	2.29	0.10
暖性针叶林	29.539 8	5.89	1.74	2.08	0.61	3.75	1.11	4.22	1.24
针叶、阔叶混交林	1.333 3	7.02	0.09	2.58	0.03	3.75	0.05	5.85	0.07
落叶阔叶林	36.095 8	4.60	1.66	3.03	1.09	3.56	1.28	4.07	1.47
硬叶常绿阔叶林	3.992 9	6.64	0.27	3.52	0.14	3.92	0.16	6.24	0.25
常绿、常绿落叶阔叶林	12.610 0	8.67	1.09	3.52	0.44	4.90	0.62	7.29	0.91
热带林	0.887 2	10.06	0.09	4.49	0.04	6.93	0.06	7.62	0.07
总计或加权平均	108.620 7	5.54	6.02	2.40	2.61	3.52	3.82	4.40	4.80

注：平均量的单位是 $t \cdot hm^{-2} \cdot a^{-1}$；总计量的单位是 $Mt \cdot hm^{-2}$。

性针叶林和热带林多为次生林，其中幼龄林和中龄林所占比例分别是84.1%和84.0%。

森林碳贮量 我国森林生态系统总碳库为28.116 Gt。其中，土壤碳库为21.023 Gt，占总量的74.6%；植被碳库为6.200 Gt，占总量的22.2%；凋落物层的碳贮量为0.892 Gt，占总量的3.2%。我国森林面积约占世界的2.6%，植被与土壤碳贮量(359 Gt，789 Gt)分别是世界的的1.7%与2.7%。因此，我国森林生态系统在全球碳循环中的作用是不容忽视的。

森林碳收支 表6.4给出了我国主要森林生态系统碳平衡的各个通量。我国森林生态系统表现为碳汇，即NEP为正，年通量为0.48 Gt。据估计，我国生物物质和矿物燃料燃烧、人体呼吸等每年释放的总碳量为0.987 Gt，而我国森林生态系统可以吸收其中的48.7%。单位面积碳汇功能的基本规律是：阔叶林的固碳能力大于针叶林，随纬度的升高，从热带向寒带其碳汇功能下降。

表6.4中的森林植被年净增长碳量直接反映森林的生长情况。我国森林植被净增长碳量是5.54 $t \cdot hm^{-2} \cdot a^{-1}$，总增长碳量是0.602 $Gt \cdot a^{-1}$，占全球NPP (32.85 Gt)的1.8%，年净固碳力在2.15～10.06 $t \cdot hm^{-2} \cdot a^{-1}$之间，最大的是热带林。同时，我国森林年凋落碳量都不超过10.00 $t \cdot hm^{-2} \cdot a^{-1}$。年凋落物量随树种的变化幅度很大，一般规律是：随气候带由北向南的推移而逐渐增加，但即使是同一气候带，其凋落物量的差别也很大，阔叶树种比针叶树种的年凋落物量大，针阔混交林比针叶纯林年凋落物量大；年凋落碳量最多的是热带林，最小的是落叶松林，仅有0.58 $t \cdot hm^{-2} \cdot a^{-1}$。采用世界相应植被类型的平均土壤呼吸速率对我国森林土壤呼吸作用量的估算表明，我国森林土壤总呼吸作用量是0.686 $Gt \cdot a^{-1}$，非根呼吸作用是0.382 $Gt \cdot a^{-1}$，反映了森林生态系统内循环每年向大气圈释放的CO_2量。

总体而言，我国森林生态系统的平均碳密度是258.83 $t \cdot hm^{-2}$，基本趋势是随纬度的增加而增加，其中植被的平均碳密度是 57.07 t · hm^{-2}，随纬度的增加而减小，土壤碳密度约是植被碳密度的 3.4 倍，其区域特点与植被碳密度呈相反趋势，随纬度升高而增加；凋落物层平均碳密度是 8.21 t · hm^{-2}，随水热因子的改善而减小。

草地生态系统碳收支

草地生态系统在全球碳循环中起着十分重要的作用，草地不仅占全球土地总面积的 1/4，而且也是目前人类活动影响最为严重的区域，对草地生态系统碳循环及其影响因素的研究是认识全球碳循环的关键之一。草原生态系统区别于森林等其他陆地生态系统的特点之一就是它不具有固定而明显的地上碳库，其碳素贮量绝大部分集中在地下土壤中，而实际上草地生态系统碳循环的主要过程也是在土壤中完成的。因此，草地土壤呼吸作用是理解草地生态系统碳循环的重要环节。

草地碳循环研究的早期工作主要集中在草地群落土壤呼吸作用和碳收支方面。近年来，采用实验和模型相结合研究了气候变化和 CO_2 浓度升高对草地土壤有机碳贮量的可能影响。随着全球变化研究的深入，草地生态系统中碳素贮量和流量的全球估计以及全球气候变化、大气 CO_2 浓度升高和人类活动对草原生态系统碳循环的影响越来越引起人们的关注。其中，精确估计全球土地利用变化对草地碳循环的影响是草地碳循环研究的核心问题，在温带草地尤其受到关注，为此需要对世界范围内各类型草地碳循环的主要过程及其影响因素进行深入研究。在此，以内蒙古草原为例(李凌浩等，1998)，估算了锡林河流域羊草草原群落碳贮量、动态和主要流量，分析了近 40 年间土地利用变化(过度放牧和开垦等)对整个流域羊草草原土壤有机碳贮量的影响，并讨论了气候和 CO_2 浓度变化对羊草草原生态系统碳循环的可能影响，以为全球草地碳循环的研究提供技术与示范。

羊草(*Leymus chinensis*)草原是广泛分布于欧亚温带草原区

东缘的地带性草原类型，总面积约 420 000 km^2，其中一半以上分布在中国。羊草和大针茅作为羊草草原的优势植物，均是具有较高经济价值的优质天然牧草。长期以来，羊草草原一直用做放牧场或割草场，也有少量已开垦为农田。放牧对草地土壤呼吸作用的影响主要在于对土壤微生物数量、植物根系生长和土壤孔隙度、含水量等方面的影响，对土壤有机质含量亦有一定影响。研究表明，过度放牧使北美温带草原的土壤呼吸作用增强，重度放牧 6～8 年后澳大利亚东北部的半干旱草原群落的土壤有机碳含量没有显著变化，但土壤微生物量下降 24%～51%。

据统计，我国草地退化面积已达 1.35 亿 hm^2，约占草地面积的 1/3，且仍以 200 万 $hm^2 \cdot a^{-1}$的速度增加(周广胜，2002)。因此，分析和研究退化草地的碳循环及其主导控制因子，有助于科学地评估退化恢复草地的碳收支，对于准确评估草地碳收支、制定科学的碳排放清单具有重要意义。

锡林河流域位于内蒙古锡林郭勒盟，地处 43°26′～44°39′N，115°32′～117°12′E，总面积约 10 786 km^2。气候属大陆性温带半干旱气候。1980～1989 年间年平均气温 0.02 ℃，年降水量 313 mm。草原植物在 4 月底返青，10 月初枯黄，生长季 150 天左右。野外调查在中国科学院内蒙古草原生态系统定位研究站的羊草固定样地进行。样地内的羊草群落自 1979 年围封以来一直处于未利用状态。样地内有 86 种显花植物，建群种为羊草，优势种包括大针茅和冰草等。土壤为暗栗钙土，土层深 100～150 cm，土壤有机质层厚 20～39 cm。土壤黏粒平均为 21%，砂粒为 60%。

土地利用变化对内蒙古自治区锡林河流域羊草草原土壤有机碳贮量的长期(近 40 年)影响可计算如下：

土壤碳贮量变化＝土地面积变化×土壤碳含量变化

采用样线法实地调查该流域羊草草原的现存面积和利用状况。通过与早期锡林河流域植被图比较，确定羊草草原面积变化和主要人为利用方式。早期和当前的土壤有机碳含量通过对匀质生境内退化梯度上顶极羊草群落和退化群落土壤有机碳实测获得。采用外源热氧化法测定土壤中的有机碳含量。

模型预测应用 CENTURY 模型对固定样地内羊草群落 1980～1989 年地上 NPP 和土壤有机碳贮量的实测值进行拟合，并给出同时期内土壤呼吸作用的模拟值。根据土壤有机碳贮量的实测值和土壤呼吸作用量的预测值，对羊草群落土壤有机碳周转速度进行估计。CENTURY 模型是植物-土壤系统的过程模型，主要模拟草原生态系统的碳、氮动态；环境驱动变量包括月平均最高与最低气温、月降水量、土壤质地、容重、pH 值和土层深度、植物物候和生理特征（如植物生长季、C_3 和 C_4 植物）、植物木质素和氮含量等。

碳输入量　对草地群落而言，初级生产力的形成是碳向群落内输入的主要途径。因此，草地群落中碳输入量的大小取决于群落的 NPP 水平。表 6.5 是固定样地羊草群落 1980～1989 年间植物 NPP 碳固定的实测值和 CENTURY 模型模拟结果。实测结果表明：该群落地上部分 NPP 碳固定量的多年平均值为（70.08±22.55）$gC \cdot m^{-2} \cdot a^{-1}$（$n=10$），地下部分 NPP 碳素固定量的多年平均值为（161.18±51.87）$gC \cdot m^{-2} \cdot a^{-1}$（$n=10$），NPP 碳素固定总量（地上+地下）的多年平均值为（231.25±74.41）$gC \cdot m^{-2} \cdot a^{-1}$（$n-10$），低于我国羊草草原 NPP 固碳总体平均水平（地上、地下和总量分别为 86.96，257.72 和 344.68 $gC \cdot m^{-2} \cdot a^{-1}$），与我国温带草原的平均水平非常接近（地上、地下和总量分别为 59.6，164.1 和 230.6 $gC \cdot m^{-2} \cdot a^{-1}$）。

表 6.5 显示了羊草群落 NPP 碳素固定量的年际变化较大。在 1980～1989 年期间，锡林河流域降水和气温有明显的季节和年际变化，年降水量的变化率为 22%，羊草群落 NPP 的变化主要是由于降水量及其季节分配状况的差异造成的。在羊草样地，CENTURY 模型的 NPP 固碳量模拟结果为（200.91±52.82）$gC \cdot m^{-2} \cdot a^{-1}$，与野外实测值比较接近，在±25%观测值误差之内。

当草地生态系统处于长期稳定状态时，地上净第一性生产固定的有机碳以凋落物的形式进入土壤，而由地下部分向土壤中输入的碳量约等于净第一性生产固定的有机碳总量。在由地上 NPP 向凋落物转化的过程中，碳素损失主要有两种方式，即草原动物采食与立枯阶段的微生物呼吸作用和光化学分解损失。对固定样地的羊草群落而言，动物采食主要是无脊椎动物，其采食量约为 4.2 $gC \cdot m^{-2} \cdot a^{-1}$，占地上 NPP 的 6%，与世界草地的总体估计相当(2%～5%)。在我国羊草草原，立枯阶段的损失量占地上 NPP 的 4%～11%。综合以上考虑，羊草群落由地上部分向土壤中的碳素输入量估计为 59.57 $gC \cdot m^{-2} \cdot a^{-1}$，地下部分的碳素输入量为 161.18 $gC \cdot m^{-2} \cdot a^{-1}$，总碳素输入量为220.75 $gC \cdot m^{-2} \cdot a^{-1}$。

表 6.5 羊草群落 NPP 的实测与 CENTURY 模型预测结果

(单位：$gC \cdot m^{-2} \cdot a^{-1}$)

年　份	地上 NPP	地下 NPP	NPP 合计	NPP 的模拟值
1980	34.40	79.12	113.52	66.00
1981	91.60	210.68	302.28	247.54
1982	92.80	213.44	306.24	231.69
1983	42.40	97.52	139.92	189.62
1984	56.60	130.18	186.78	212.06
1985	80.80	185.84	266.64	191.20
1986	74.40	171.12	245.52	256.71
1987	90.96	209.21	300.17	216.15
1988	88.40	203.32	291.72	205.70
1989	48.40	111.32	159.72	192.42

注：地上与地下物质的碳含量分别为 40%和 45%；植物地下部分 NPP 以植物地上部分 NPP 乘以 2.3 获得。

碳输出量与碳收支　羊草群落的碳素输出与碳平衡通过土壤呼吸作用向大气释放 CO_2 是草地生态系统碳素输出的主要途径。土壤呼吸作用量决定了土壤中碳素周转速度，也可反映出凋落物的生产与输入特点和根系呼吸作用量水平。影响土壤呼吸作用量季节和年度动态的主要环境因子包括温度、水分,以及二者之间的配置。由于缺少土壤呼吸作用的实测数据,应用 CENTURY 模型对固定样地内羊草群落 1980～1989 年间的土壤呼吸作用量进行了模拟,该模型对草地群落生产力和土壤呼吸作用量的预测精度已为许多实测结果所证实。CENTURY 模型首先运行 5 000 年的时间尺度,草地利用和管理措施输入选自 1900 年以来的实际情况,其他输入项为实测数据。然后用 1980～1989 年的观测气象数据进行运算,模拟结果如表 6.6。

表 6.6 羊草群落碳素流量的模拟结果

(单位:gC·m^{-2}·a^{-1})

年 份	土壤呼吸作用	NPP	NPP－土壤呼吸作用
1980	72.08	66.00	−6.08
1981	236.71	247.54	10.83
1982	156.04	231.69	75.65
1983	184.01	189.62	5.61
1984	169.48	212.06	42.57
1985	195.33	191.20	−4.31
1986	233.51	256.71	23.19
1987	188.57	216.15	27.58
1988	202.80	205.70	2.90
1989	171.75	192.42	20.69
总和	1 810.33	2 009.13	198.8

由表 6.6 可以看出,羊草群落土壤呼吸作用量预测值的各年度变化较大,说明 CENTURY 模型对气象因素变化具有较高的灵敏度。土壤呼吸作用量的年平均预测值为 181.03±46.32 gC·m^{-2}·a^{-1}($n=10$),与我国东北羊草群落土壤呼吸作用量的实测值比较接近(146 gC·m^{-2}·a^{-1})。草地生态系统的碳素净收支可通过比较 NPP 和土壤呼吸作用的差值进行估计。CENTURY 模

型的运算结果，输入略大于输出，碳素的理论积累率为 19.88 gC $\cdot m^{-2} \cdot a^{-1}$。土壤呼吸作用模拟值与净碳素输入实测值相比较，碳素的积累率为 39.72 gC $\cdot m^{-2} \cdot a^{-1}$，表明固定样地中羊草群落的土壤有机碳处于低水平积累状态。该地点在围封为固定样地之前一直利用较轻，自 1980 年围封后完全未利用。因此，整个群落可能向碳素平衡状态过渡。

土壤有机碳贮存与周转　羊草群落的土壤有机碳贮量与周转在土壤表层 0～20 cm 处，羊草样地土壤有机碳贮量的实测值为 5 405～5 683 gC $\cdot m^{-2}$，CENTURY 模型模拟的土壤有机碳含量为 4 691～4 758 gC $\cdot m^{-2}$，比实测值低 13%～18%。用土壤有机碳贮量实测值除以土壤呼吸量模拟值，求得羊草群落土壤有机碳的周转时间约为 30 年，比世界温带草原土壤有机碳的平均周转时间(60 年)更短。这种差异可能有两方面的原因，其一是此处的土壤呼吸作用值为模型模拟值，而后者是实测值的加权平均值；其二是世界温带草原的大部分分布纬度高于该研究的地点，土壤温度偏低，故土壤微生物分解作用有可能低于本地区。

土地利用变化对土壤有机碳贮量的影响　羊草草原是锡林河流域分布面积最大的草原群落类型，总面积约为 3 000 km^2，该研究调查面积为 2 199 km^2。长期以来，羊草草原一直用做放牧草场。在 20 世纪 50 年代以前，该流域的羊草草原一直处于良好状态。1954 年白音锡勒国营牧场成立以后，人类活动开始对羊草草原产生影响。近 20 年来，人口迅速增加，对草场利用强度也逐年加剧，导致了羊草草原的大面积严重退化。该研究调查表明，有两种土地利用因素是导致草地退化的主要因素，即过度放牧和草地开垦。与 1965 年锡林河流域植被图比较，羊草草原在 40 年间开垦面积为 64.65 km^2，约占全部调查草地面积的 3%。因此，农业开垦并非是草地利用变化的主要方面。由于过度放牧造成的草地退化面积约占调查总面积的 60%，其中一半以上是严重退化，是该流域草地退化的主要人为影响活动。

表 6.7 是 1954 年以来锡林河流域 7 个主要羊草群落的面积变化和草地土壤(0～20 cm)有机碳含量、贮量变化的调查结果。可以看出,40 年来土地利用变化(主要是过度放牧)共导致了约 12.4%的土壤有机碳损失。其中,3 类羊草草甸类草原由于距居民区较远,缺少饮水而主要用做割草场,退化较轻,土壤有机碳损失较少,损失比例为 8.1%～10.5%。与此相反,其他 4 类羊草典型草原的饮水条件较好,主要用做放牧草场,退化严重,土壤有机碳损失比例高达 9.7%～15.8%。

目前,关于过度放牧对草地土壤有机碳贮量影响的研究工作在国内外均开展极少,且主要集中在草地开垦对土壤有机碳贮量的影响方面。但是,由于过度放牧对草地的影响无论从规模还是强度上均远较农业开垦深远,因此应当予以高度重视。关于过度放牧对草地土壤碳贮量的影响机制目前还了解较少,这是因为:其一,过度放牧对草地生产力产生严重负效应;其二,家畜采食影响有机碳由初级生产向凋落物的转化和向土壤中的输入;其三,过度放牧可促进草地土壤呼吸的碳释放。

全球变化对草地碳收支的影响 气候变化和 CO_2 浓度升高对羊草草原碳循环的可能影响主要反映在两个方面:

- 对群落植物种类组成和 NPP 的影响;
- 对草地土壤有机碳贮量的影响。

在大气 CO_2 倍增时,加拿大气候中心(CCC)大气环流模式预测锡林河流域的平均气温将上升 6.3 ℃,年降水量增加 6%;而美国地球物理流体动力学实验室(GFDL)的大气环流模式则预测锡林河流域的年均气温将上升 4.9 ℃,年降水量减少 2%。年均气温和年降水量的变化幅度小于植物生长季(4～9 月)平均气温和降水量的变化幅度。

在植物群落种类组成方面,气候变化将导致锡林河流域草原植物包括羊草、针茅属植物在内的草原优势植物的相互替代,而 C_3 与 C_4 植物种类组成不会产生大的变化。在25年观测气象资

表 6.7 锡林河流域主要羊草草原群落现存面积、土壤有机碳平均含量和贮量及近 40 年来土地利用变化的影响

土地利用类型	面积(km^2)		开垦面积	土壤碳贮量(10^{10} gC)				平均土壤碳容量($gC \cdot m^{-2}$)		
	1956	1996		1956	1996	变化量	所占比例(%)	1956	1996	变化量
轻牧	82.84	82.84		70.455	64.739	5.716	8.1	8 505±806	7 815±899	690
开垦,中牧	467.96	403.31	64.65	333.749	299.916	33.833	10.1	7 132±680	6 409±834	723
轻牧	301.04	301.04		187.698	168.071	19.627	10.5	6 235±705	5 583±860	652
中牧	244.88	244.88		136.937	123.640	13.297	9.7	5 592±257	5 049±670	543
重牧	149.12	149.12		96.138	82.732	13.406	13.9	6 447±656	5 548±905	899
重牧	551.28	551.28		357.340	304.748	52.592	14.7	6 482±374	5 528±1 333	954
中牧	402.36	402.36		245.198	206.491	38.707	15.8	6 094±457	5 132±468	962
总计	2 199.48	2 134.83	64.65	1 427.515	1 250.377	177.178	12.4			

料的基础上,应用 CENTURY 模型模拟锡林河流域羊草草原土壤有机质含量和地上 NPP 分别为 5 809 gC · m^{-2}和 97.8 gC · m^{-2} · a^{-1}。

在各种气候变化方案下,气候变化将对羊草草原土壤有机碳贮量和地上 NPP 产生较大影响。其中,土壤有机质含量在两种气候变化情况下分别下降 26% (CCC 气候变化情景下为 1 485 gC · m^{-2})和 14%(GFDL 气候变化情景下为 828 gC · m^{-2}),地上 NPP 下降 30%(CCC 气候变化情景下为 29.5 gC · m^{-2} · a^{-1})和 28%(GFDL 气候变化情景下为 27.5 gC · m^{-2} · a^{-1})。

此外,在锡林河流域各种草原类型中,羊草草原对气候变化的反应最为敏感。其中,温度和降水量季节配置变化对羊草草原的影响比全年总量的变化更大。在同时考虑气候变化和大气 CO_2 浓度倍增时,由于 CO_2 的补偿作用,羊草草原 NPP 下降的幅度显著降低,CO_2 倍增对土壤有机质含量的变化没有直接影响。

总的来说,锡林河流域羊草群落在未放牧条件下,碳素输入略大于输出,土壤有机碳基本上处于积累状态。土地利用变化对锡林河流域羊草草原土壤有机质贮量有较大影响,近 40 年来,非持续性土地利用造成了约 12.4%的土壤(0～20 cm)有机碳损失,其中过度放牧是主要的土地利用影响因素,而农业开垦对本流域羊草草原土壤有机碳的影响较小。气候和 CO_2 浓度变化将对锡林河流域羊草草原土壤有机碳贮量和地上 NPP 产生较大影响。其中,温度和降水量季节配置变化的影响比全年总量变化的影响更大,而 CO_2 浓度变化对羊草草原土壤有机碳贮量的影响较小。

北极陆地生态系统碳收支

在全球气候变化研究中,南、北两极,尤其是北极生态系统由于它的巨大陆地碳库和对气候变化反应的敏感性,而成为研究全球气候变化及其生态效应的良好场所。方精云、傅梦华(1998)基于碳在陆地生态系统中循环的 6 个主要过程——植物光合生产(光合作用、生物量)、植物的呼吸消耗、凋落物的生成、凋落物总量、土壤有机质积累和土壤呼吸作用释放——的研究,估算了北极陆地生态系统的碳循环及其在全球碳循环中的作用与地位。

生物量和生产力 表 6.8 给出了北极陆地生态系统的生物量和 NPP。北极陆地的总面积为 20×10^8 hm^2(泰加林与冻原之和),占全球陆地总面积 149×10^8 hm^2 的 13.4%,其植被总生物量为 80.0~113.8 GtC,占全球陆地总生物量的 12.1%~16.5%。因此,北极地区的植被生物量几乎与全球平均水平相当,北极地区陆地植被的 NPP 占全球陆地总生产力的 6.1%~10.1%,低于全球平均水平。

表 6.8 北极陆地生态系统的生物量和 NPP

生态系统类型	面积, 10^8 hm^2	总生物量, (GtC)	总量$_{北极}$,总量$_{全球}$ (%)	净生产力 ($GtC\cdot a^{-1}$)	净生产力$_{北极}$/净生产力$_{全球}$(%)
泰加林	12	80~108	11.6~15.7	2.5~4.3	5.2~8.9
冻　原	8	3.4~5.8	0.5~0.8	0.5~0.6	1.0~1.2
合　计	20	83.4~113.8	12.1~16.5	3.0~4.9	6.2~10.1
全球陆地	149	550~827	100	48.3	100

注:全球生物量基数按 550 GtC 和 827 GtC 的平均值,即 689 GtC 计算。

土壤有机碳库 北极地区是个巨大的土壤碳库,也是北极陆地生态系统对全球变化贡献的最主要方面之一。据估计,全球土壤总碳量在 1 100~1 500 GtC。北极和亚北极土壤碳量为全球总碳量的 23.7%~32.3%。

北极地区凋落物的生成量包括泰加林和冻原植被两部分。冻原植被的凋落物生成量可以认为与 NPP 相同,即 0.5 $GtC\cdot a^{-1}$(见表 6.8)。泰加林的凋落物生成量由全球各地的 29 个观测结果算术平均求得,为 2.06 $t\cdot hm^{-2}\cdot a^{-1}$,乘以总面积 12×10^8 hm^2(见表 6.8)得凋落物量,约 2.47 $GtC\cdot a^{-1}$。

土壤呼吸作用 土壤呼吸作用是生物圈向大气圈释放 CO_2

的重要来源。为估算北极地区的土壤呼吸作用量，通过收集分析各地泰加林和北极冻原的土壤呼吸作用观测资料，得知泰加林和北极冻原的平均呼吸作用速率分别为 332 和 61 gC·m^{-2}·a^{-1}。表 6.9 给出了北极地区土壤呼吸作用，其值约为 4.45 GtC·a^{-1}，占全球总量 68 GtC·a^{-1}的 6.53%，约为全球平均水平的一半。

表 6.9 北极地区土壤呼吸作用

生态系统类型	平均呼吸速率 (g·m^{-2}·a^{-1})	排放量 (GtC·a^{-1})	排放量$_{北极}$/排放量$_{全球}$(%)
泰加林	332	3.92	5.82
冻　原	61	0.49	0.71
合　计	—	4.45	6.53
全　球	—	68	100

北极地区碳收支及其在全球碳循环中的作用　北极地区陆地生态系统的碳循环过程见图 6.6。北极陆地上空的大气总碳量(29.8 GtC)，按大气 CO_2 浓度 350 ppmv 求得。每年约有 13.5 GtC 贮存在陆地生态系统中，其中有 8.7 GtC 的碳通过呼吸作用回到大气中。4.8 GtC·a^{-1}的碳贮存在陆地生态系统中，其中 2.47 GtC·a^{-1}以凋落物的形式进入土壤圈。另外，由于河流的碳输运，北极陆地生态系统每年约有 0.07 GtC 从河流进入海洋。由于土壤的呼吸作用，每年有 4.45 GtC 由土壤圈回到大气圈，其中包括植物根系的呼吸作用，这一部分已包含在植物呼吸作用中。按根系呼吸作用占土壤呼吸作用总量的 1/3 计算，则除根系以外的土壤呼吸作用为 3.0 GtC·a^{-1}。

从北极陆地生态系统碳循环模式可以看到，北极陆地植被净固定的碳量为 3.0～4.9 GtC·a^{-1}，表明北极陆地生态系统起着大气碳汇的作用。因此，尽管北极陆地生态系统的 NPP 较低，但由于常年低温寒冷，土壤有机质分解缓慢，使北极土壤成为巨大的碳库。同样，由于低温，从这个巨大碳库中释放到大气中的 CO_2 量相对较少，使北极地区成为稳定大气 CO_2 浓度急剧变化的重要因素之一。这个稳定因素一旦遭到破坏就有可能加速 CO_2 从土壤向大气的排放，从而加速全球温暖化的进程。

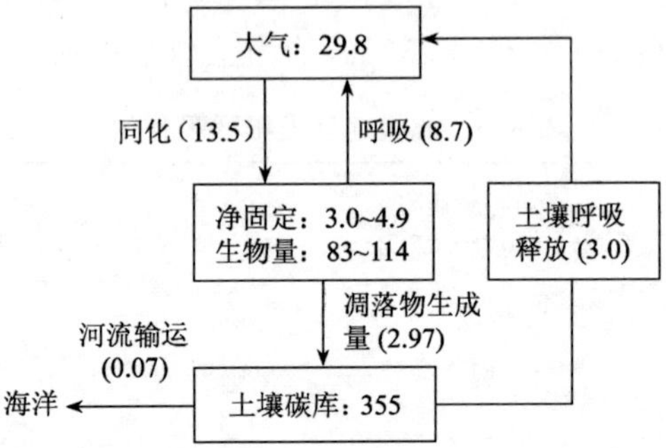

图 6.6　北极陆地生态系统的碳循环

（加括号者为年变化量（$GtC \cdot a^{-1}$）；未加括号者为积累量（$GtC \cdot a^{-1}$））

（取自方精云、傅梦华，1998）

水生生态系统碳收支

水生生态系统是 CO_2 的一个巨大汇，由于全球仅有 0.5%的水面为淡水，所以海洋生态系统在全球范围内的碳循环中起着决定性的作用。

海洋生态系统的碳循环　海洋持有的碳（37 400 GtC）约比大气多 50 倍，其中大部分是以碳酸盐（CO_3^{2-}）和碳酸氢盐（HCO_3^-）离子的形式存在。CO_2 在海水表面和大气圈之间交换的一个重要控制因子是 CO_2 在海水与大气间的分压差，其中海水 CO_2 分压的大小取决于多种因素，如植物光合作用、洋流涌升、温度、盐度和 pH 值等。从海气间物质交换机制方面而论，海洋对大气 CO_2 的吸收容量以及在大气圈和海洋之间碳的净交换量在很大程度上决定于混合层碳酸盐化学、水中溶解碳的平流传输、CO_2 通过空气-海水界面的扩散、海洋植物的生产及所产生的碎屑碳的沉降等。海洋吸

收 CO_2 的化学能力取决于溶解的碳酸盐和硼酸盐 $B(OH)_4^-$ 离子数量，其反应式：

$$H_2O + CO(aq) + Co_3^{2-} \rightleftharpoons 2HCO_3^-$$

$$CO_2(aq) + B(OH)_4^- \rightleftharpoons HCO_3^- + B(OH)_3$$

这个能力大致等于所估计的传统矿物燃料的贮藏。在海洋表层，浮游植物通过光合作用将海水中溶解的无机碳转化为有机碳，水中 CO_2 分压降低；在其第一性生产过程中，还需从海水中吸收溶解的营养盐，如硝酸盐和磷酸盐，这使得表层水的碱度升高，也将进一步降低水中 CO_2 分压。这两个过程造成海洋空气界面两侧的 CO_2 分压差，促进大气 CO_2 向海水的扩散。藻类光合作用生产的有机碳通过直接沉降或经食物链转化后再沉降到海底形成沉积物，从而使碳得以从空气移到海洋表面，再从表面运移到深海中。海洋表层的这一生物动力学过程，也被称之为“生物泵”(图 6.7)。

据估计，能被海洋光合作用利用的总碳量约为 30～40 $GtC \cdot a^{-1}$。这个值仅代表海洋光合作用的总碳汇，其对大气 CO_2 的净汇还取决于有机碳分解后的返回通量。海洋生物的呼吸作用及其对有机碳的分解产生 CO_2 等气体，可增加海水的 CO_2 分压，导致 CO_2 向大气中释放。海洋生物呼吸作用主要存在于海洋混合层之下。有证据表明，海洋 NPP 部分控制着大洋混合层的深度。在高生产力的海洋区域，由于向海底沉降的有机颗粒携带的碳和营养盐经分解回到无机形式的速率非常缓慢，使得表面水的 CO_2 含量比深度超过 1 000 m 处的水低 15%。海洋生物光合作用形成的有机碳沉积到海底以很慢的速率经分解返回大气，这一点与陆地生物圈显然存在很大差异。因为陆地生物圈对碳的汇比较容易重新释放出来，如大面积森林砍伐、土地利用等。

除了生物体有机碳外，溶解态有机碳(DOC)在碳循环中的作用可能也是非常重要的。研究指出，工业革命前的大气圈与海洋处于碳循环的动态平衡状态，其 DOC 的生产大约占海洋 NPP 的 0.2%。而现在 DOC 生产占海洋 NPP 的比例已增加了约 25 倍。

DOC 的分解率保持不变,则 DOC 的增加量大约为 2 GtC · a^{-1},这一数字与由于土地利用释放的碳量相当。

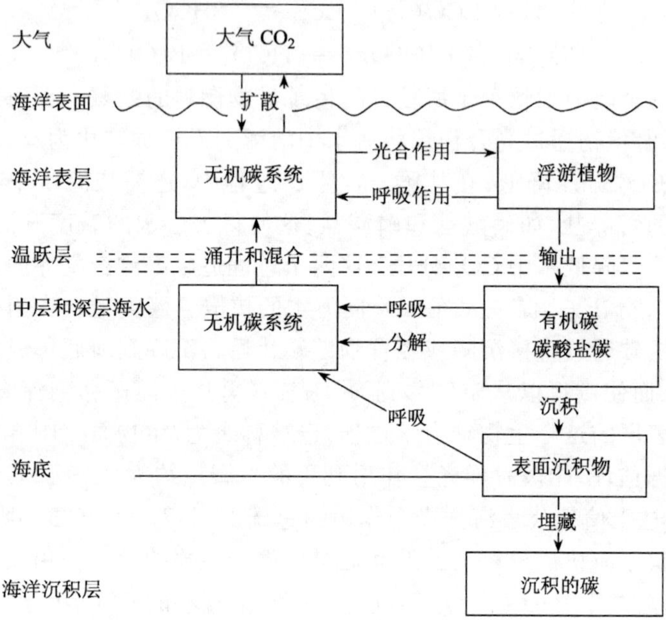

图 6.7 海洋生态系统的碳循环示意图
(取自严国安、刘永定,2001)

有关大陆架在全球碳循环中的作用存在两种截然不同的观点。一种观点认为,近海中净有机代谢(初级生产量与有机物呼吸量之差,NOM)在地球碳循环中是一个重要的过程。近海 NOM 产物大约为 0.084 GtC · a^{-1},近海 NOM 的分解使其成为一个潜在的大 CO_2 源。另一种观点则认为,从河流、海洋沿岸和经海底涌升向近海输入了大量的氮素,分别达 0.06 GtN · a^{-1}和 0.56 GtN · a^{-1},除去反硝化脱氮作用损失掉 0.05 GtN · a^{-1}外,可供浮游植物利用的为 0.57 GtN · a^{-1}。按照生物利用 C/N 比为 5,则大陆架初级生产所要求的碳量为 2.9 GtC · a^{-1}。因此，这一生物过程是大气 CO_2 的一个巨大的潜在汇，它使得近海表层水中 CO_2 分压总是低于大气 CO_2 分压。

采用广泛接受的水体交换系数对用于平衡的氮、磷和 NOM 的大气-海洋 CO_2 交换的碳通量所需的海洋、大气 CO_2 分压差的计算表明，在气体交换参数为 0.04～0.1 mo1C · m^{-2} · a^{-1}，大陆架总面积为 27×10^{12} m^2，则用于平衡氮和磷的 CO_2 分压差为 9～22 Pa，用于平衡 NOM 的 CO_2 分压差为 0.26～0.65 Pa。前者所需的气压差太大，显然是不可能达到的。因此，近海区域都具有很高的 CO_2 通量。中国学者在探讨了大洋中的 CO_2 分布及其与海洋物理、化学和生物量的关系后指出，热带西太平洋是大气 CO_2 的弱源，全区 CO_2 分压差的年平均值均在＋6.079 Pa 以下。而东海却是大气中 CO_2 的一个汇，其表层海水的 CO_2 分压，春秋平均值分别为 33.23 Pa 和 35.97 Pa，大部分海区处于不饱和状态。用统计方法算得的 CO_2 在海气界面的通量为－12.3 gC · m^{-2} · a^{-1}，东海每年从大气中吸收约 0.073 GtC。

淡水生态系统碳循环 贮存在湖泊的生物体有机碳大约为 0.036 GtC · a^{-1}，而全球范围内滞留在湖泊中的总有机碳(TOC)约 0.051 GtC · a^{-1}，其中 0.035 GtC · a^{-1}来源于大气 CO_2。在湖泊中，碳酸钙的沉积具有很大的作用。全球范围内碳酸盐型湖泊总面积约 0.18×10^6 km^2，其对溶解态无机碳(DIC)的平均滞留率为 100 gC · m^{-2} · a^{-1}；而非碳酸盐型湖泊总面积约 1.6×10^6 km^2，其对 DIC 的平均滞留率只有 5 gC · m^{-2} · a^{-1}左右，则全世界湖泊对 DIC 的总汇估计可达到 0.026 GtC · a^{-1}，其中至少 70%来源于大气 CO_2，约为 0.018 2 GtC · a^{-1}。因此，包括有机碳和 DIC 在内的湖泊总碳汇为 0.077 GtC · a^{-1}，其中对大气 CO_2 的汇达到 0.053 2 GtC · a^{-1}。

水库在全球碳循环的作用亦不容忽视。20 世纪 70 年代，全世界总的水库面积约为 0.4×10^6 km^2，碳在水库的滞留率比湖泊大，约为 500 $gC \cdot m^{-2} \cdot a^{-1}$,其中 50%来自土壤。1970 年贮存在水库的碳汇总量为 0.1 $GtC \cdot a^{-1}$,预计到 2050 年将可达到 0.2 $GtC \cdot a^{-1}$。

水电站可能是重要的温室气体排放源。因为水库建成后,被淹没的部分库区中的有机质会分解成为腐殖酸、CO_2、CH_4、N、P 等,其中 CO_2 和 CH_4 是温室气体,但这一结果并不能适用于大多数水库,仅符合于水库淹没地是泥炭地或浅水库区时的状况。

表 6.10 碳的地球转移和贮存

(单位:$Mt \cdot a^{-1}$)

系　　统	1850 年	1993 年	2050 年
从河流向海洋输入			
大气碳	540～600	550～610	550～610
总氮	35.6	44.5	51.0
溶解态磷和颗粒态有机磷	9.4	11.0	12.5
碳的贮存			
湖泊	51	53	
水库	约 0	100	200
流域	0	25	30
人类向海洋的直接输入			
溶解态无机碳	约 0	约 0	约 0
总有机碳	<20	40	>80
总氮	<3	3	>6
总磷	<0.3	0.3	>0.6

表 6.10 为根据不同区域不同类型河流的碳输出率估算的碳在淡水生态系统的贮存及通过河流向海洋的输入(严国安、刘永定,2001)。据估计,全球由河流输入海洋的碳中 DIC 为 0.244 $GtC \cdot a^{-1}$,DOC 为 0.199 $GtC \cdot a^{-1}$,颗粒态有机碳(包括生物有机碳)为 0.18 $GtC \cdot a^{-1}$,分别占碳通量的 45%,37%和 18%。这些碳大多数来源于湿润的热带,其占总碳量 46%;温带森林和草地占总

碳量的 31%；而北方森林、萨王纳和半干旱地区、苔原仅分别占总碳量的 14%、5%和 4%。

海洋生态系统碳收支　大气圈-海洋之间的碳通量约为 74 GtC · a^{-1}。关于大气-海洋之间的净碳通量，即海洋对大气 CO_2 的净汇，据 IPCC 基于两种箱式模型和两种海洋环流模型的估计，1980～1989 年间海洋对大气 CO_2 的吸收为 2.0±0.8 GtC · a^{-1}。尽管不同模型估算的结果不完全一致，但对同一时间海洋吸收 CO_2 能力的估计值基本上为 2.0±0.5 GtC · a^{-1}（表 6.11）。

表 6.11　1980～1989 年间海洋对大气 CO_2 吸收的模型估计

（单位：GtC · a－1）

模　型	IPCC(1990)	Orr(1993)
汉堡模型	1.2	≥1.5
普林斯顿模型	1.9	≥1.9
多箱模型	2.3	≤2.2
箱式扩散模型	2.4	2.0±0.2
HILDA	—	2.1±0.2
巴黎模型	—	2.1

资料来源：严国安、刘永定，2001。

全球碳收支

碳循环是地球上最重要的生物地球化学循环，对地球系统的其他物质循环起着重要的支配作用，影响着人类的生存环境。全球碳源/汇的准确估算不仅是准确地估算未来大气中 CO_2 浓度，预测气候变化以及陆地生态系统，特别是人类生存环境变化趋势的关键，也是履行国际公约及制定应对策略的关键。

全球碳循环是碳在大气、海洋及包括植物和土壤的陆地生态系统 3 个主要贮存库之间的流动。大气和海洋中的碳量可由全球监测系统直接测定，但是对于组成陆地生态系统的植被碳库和土壤碳库的估算目前还不一致，这主要是由于不同估算方法之间的差异，如假设条件、各类参数取值、测定的土壤深度、调查的土壤类型、植被类型全面与否等以及估算中的各种不确定性造成的。

几个世纪以来，人类活动对生物圈的影响已从区域扩展到全球，特别是大气 CO_2 及其他温室气体浓度逐年增加，由此引起全球气候发生巨大变化，进而导致陆地生态系统的生产力及其碳贮量发生变化，从而进一步加剧了全球碳循环估算的复杂性与不确定性。

表 6.12　全球碳平衡估算

（单位：$GtC \cdot a^{-1}$）

研究者	出版年代	碳排放	碳收支			未知汇
		矿物燃料和水泥	植被破坏	大气	海洋	
Reiners	1973	3.6		1.8	0.5～0.8	1.0～1.3
Woodwell 等	1978	5.2	3.3	2.5	2.0	4.0
Broecker 等	1979	5.2		2.7	1.9	0.6
Trabalka	1985	5.0	1.3	2.9	2.4	1.0
Detwiler 等	1988	5.3	1.0	2.9	2.2	1.2
Houghton 等	1990	5.4	1.6	3.4	2.0	1.6
Tans 等	1990	5.3	1.8	3.0	1.0～1.6	2.5～3.1
Watson 等	1990	5.0	2.0	3.0	2.0	2.0
Sedjo	1992	5.3	0.3	2.9	2.2	0.5
Siegenthaler 和 Sarmiento	1993	5.4	1.9	3.4	2.0	1.9
Houghton	1995	6.0	1.5	3.0	2.0	2.5
Schlesinger	1997	6.0	0.9	3.2	2.0	1.7
Walker 和 Steffen	1999	5.5	0.1	3.2	2.0	0.4
IPCC	2000	6.3±0.6	1.6±0.8	3.3±0.2	2.3±0.8	2.3±1.3

资料来源：方精云，2000；Houghton，2001。

正因为如此，许多学者对全球碳循环进行了估算，见表 6.12。该表不仅反应了不同研究者进行估算时所用的数据源或方法的不同，更反映了年代的变化。全球矿物燃料的使用呈现上升趋势，导致全球大气 CO_2 排放的逐年增加。

20 世纪 80 年代后期以前，一般认为生物圈对于 CO_2 的固定作用与呼吸作用及土壤有机质分解释放的 CO_2 大致平衡，即除土地利用导致 CO_2 释放外，生物圈本身的生理生态过程变化对大气 CO_2 没有影响。但大气 CO_2 平衡研究发现，矿物燃料燃烧与毁林等释放的 CO_2 超过同期地球大气 CO_2 的增量及海洋的吸收量。这一差值就是所谓的“未知碳汇”。

全球碳平衡估算的不确定性，即“未知碳汇”的存在反映了人类对于全球碳循环认识的局限性。但从表 6.12 可以看出，随着碳循环研究的深入开展，对于全球碳循环认识的越来越深入，导致“未知碳汇”的估算值呈现越来越小的趋势。

第七章

全球碳对策

全球气候变暖的趋势已得到越来越多的证实。据统计，在过去的100年中全球平均地面气温已增加0.3～0.6℃，寒冷季节缩短而温暖季节延长；内陆地区变得更加干旱而炎热，沿海地区热带风暴却更加频繁；极地和北半球高纬地区气温升高了3～5℃，冰川大面积消融，海平面上升，一些岛国和沿海地区不断被海水蚕食，甚至面临"灭顶之灾"。气候的改变还威胁着地球上丰富多彩的生态系统。

近年来，科学界经过反复的争论和研究逐渐达成共识：造成全球气候变暖的根源在于大量燃烧矿物燃料、森林过伐与草地开垦等造成的温室气体，特别是CO_2浓度剧增。世界自然基金组织公布的1999年度全球环境指数报告指出，1970～1995年间全球环境指数约下降了30%，亦即在短短的25年间，人类拥有的自然资源骤减了30%，消耗能源数量相当于过去一个世纪的总和。人类燃烧煤炭、石油、天然气和砍伐下来的树木，产生的大量可以蓄热的气体（如CO_2和CH_4）进入大气层后引起地球升温，使全球碳循环失去平衡，改变了地球生物圈的能量转换形式。

南极和格陵兰冰芯气泡的研究表明，1880 年之前，大气 CO_2 浓度大致稳定在 280 ppmv 左右。随着工业的发展，人类活动特别是矿物燃料的大量使用和植被的破坏，导致大气 CO_2 浓度持续上升，目前已上升到约 360 ppmv。据估计，大气 CO_2 的浓度正以每年 0.4%的增长率上升，CH_4、CFCs、N_2O 增长率高达 1.0%、5.0%和 0.2%，到 21 世纪中后期大气 CO_2 浓度可能倍增至约 720 ppmv。在所有温室效应气体中，CO_2 对温室效应的贡献最大，占 60%，而且在大气中含量最高，因此 CO_2 成为温室效应气体削减与控制的重点。与 SO_2、NO_x 等大气污染物相比，CO_2 原本并非污染物，而是光合作用三大要素之一，起着推动生态系统能源流动的作用。但工业革命后，矿物燃料的大量燃烧打破了大气圈与生物圈之间原先和谐的 CO_2 平衡，造成 CO_2 在大气中积累，引发温室效应。据观测，从 1750 年至今，大气中 CO_2 的浓度已由 280 ppmv 上升到 350 ppmv，其中 70%的增量发生在近 50 年中。由于 CO_2 在大气中停留时间约 100 年，即使 CO_2 的排放能维持现有水平上，其影响也将延续很长时间。如果人类继续按现在的速度排放 CO_2，到 21 世纪地球温度将升高约 2～5 ℃，从而将对人类生存环境产生巨大影响。

全球 CO_2 排放

全球 CO_2 排放

人口增长、现代工业的迅速发展以及矿物燃料利用，森林过伐，草原开垦与过牧等人类活动引起了地球大气中温室气体，特别是 CO_2 浓度以前所未有的速度增加，由此引起的全球气候变暖、生态系统退化、植被带迁移、生物多样性丧失、荒漠化扩展、海平面上升等变化造成了人类生存环境的严重恶化，已经引起科学家、各国政府与社会各界的严重关注。而矿物能源利用的剧增则是引起地球大气 CO_2 浓度增加的主要因素。

图 7.1 给出了基于联合国能源统计年鉴的矿物燃料消耗数据估算的 1992 年不同大洲矿物燃料利用的 CO_2 排放量。通常认为矿物燃料利用所产生的 CO_2 排放量最大的地区在北美和欧洲工业化国家，但是近年来亚洲国家的经济快速发展改变了这一格局。目前，亚洲的 CO_2 排放量已经超过北美(加拿大、美国和墨西哥)、西欧或东欧(包括俄罗斯联邦)等其他大洲，成为全球 CO_2 排放的最大区域。这里所指的亚洲包括中东、作为前苏联一部分的中亚共和国和日本，但不包括俄罗斯联邦的亚洲部分。

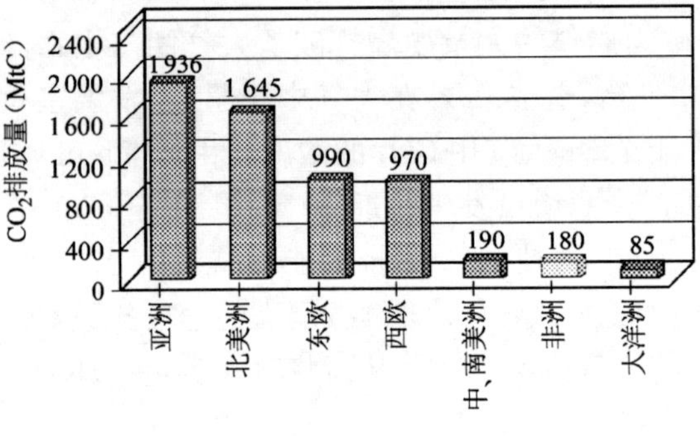

图 7.1　1992 年不同大洲矿物燃料利用产生的 CO_2 排放量
(取自 Siddiqi，1996)

在矿物燃料利用所产生的 CO_2 排放量最大的 7 个国家中有 3 个亚洲国家(图 7.2)。该图显示了 1950 年和 1992 年矿物燃料利用产生的 CO_2 排放量，并显示出在这一阶段中国、印度和日本的排放量快速增长。中国的排放量增加了近 29 倍，印度和日本则增加了近 9 倍。

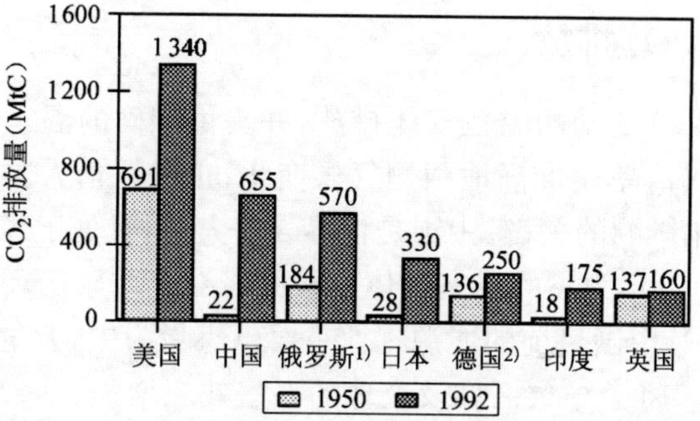

1）俄罗斯：1950年前苏联数据；2）德国:1950年为前西德加前东德数据

图 7.2 1950～1992 年最大排放国矿物燃料利用产生的 CO_2 排放量

（取自 Siddiqi，1996）

中国和印度由于其人口众多(分别有 12 亿和 8.5 亿人口)，属于排放量最大的国家之列。但是按人均 CO_2 排放量比较时，这些国家的 CO_2 排放量比其他 CO_2 排放量大的国家小一个数量级(图 7.3)。

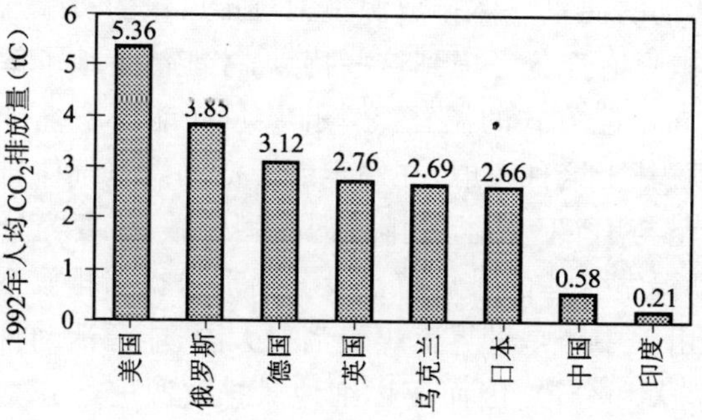

图 7.3 1992 年最大排放国人均矿物燃料利用产生的 CO_2 排放量

（取自 Siddiqi，1996）

中国 CO_2 排放

弄清人类活动的温室气体排放，并提供准确的温室气体源汇排放和吸收清单是准确地预测气候变化、正确评估人类活动对全球气候变化影响的关键。中国是世界人口大国，且处于经济快速增长阶段，以 CO_2 为主的温室气体排放必将对全球碳循环及气候产生巨大影响。中国目前的能源工业主要以煤炭为主，大量燃烧煤炭排放的 CO_2 将会导致区域及全球的温室效应增强。因此，确定当前中国 CO_2 排放源具有重要的意义。

中国是《联合国气候变化框架公约》的签约国之一，中国政府有关部门自 20 世纪 90 年代起就组织开展了中国温室气体方面的研究，如《中国的全球气候变化国家对策研究》、《中国温室气体控制的问题与对策》、《1990 年中国温室气体控制源与汇估算》、《气候变化国家研究》、《亚洲减少温室气体最小成本对策研究》、《中国温室气体源排放和汇吸收研究结果的综合分析》和《我国温室气体(CO_2、CH_4、N_2O、HFCs、PFCs 和 SF_6)的排放现状及未来构想》等。

能源活动的温室气体排放源类型对排放量的贡献与用能方式和技术有关，只有充分考虑到这些特点，才能清楚地了解到不同用能部门、不同用能方式的温室气体排放量在能源系统排放总量中所占的份额。基于这种考虑，在确定能源活动温室气体排放源类型时，既要尽量与 IPCC 要求的排放源类型一致，又要充分考虑到中国能源活动温室气体的排放特点及其活动数据和排放系数数据的可获得性。由于中国是世界上煤炭消费大国，能源活动排放源设备体系极其庞大和分散，因而要详细地对排放源进行分类是相当困难的。在实际工作中，即使能定量地细化出一些排放源设备，相应的活动水平数据也将很难获得。因此，排放源类型的划分只能达到一定程度。

中国能源活动的温室气体排放源类型包括静止源、移动源和能源开采、加工与输送过程中的排放源三大类。中国能源活动的温

室气体排放源有其自身的特点(张仁健等,2001):

- 从燃料品种看,煤炭是中国矿物燃料的主要 CO_2 排放源。
- 从三大排放源类型看,静止源是中国 CO_2 的主要排放源。
- 从静止源内部结构看,工业部门是最大的 CO_2 排放源。
- 从能源开采加工、输送过程看,煤炭开采是中国 CH_4 的重要排放源。
- 从排放设备看,发电锅炉、工业锅炉是中国温室气体的两大主要排放设备。
- 从燃煤质量看,中国燃煤的平均灰分比较高(27.5%左右),平均含碳量及发热量不高。
- 从煤炭设备的碳化率分析看,中国碳化率值较低,其中煤炭燃烧碳化率尤为明显。
- 从移动源内部构成看,公路运输是最大的移动源,货车作为主要的移动源工具,而汽油则是移动源温室气体排放的主要燃料品种。

能源活动产生的 CO_2 等温室气体排放量的计算可采用 IPCC/OECD 温室气体清单编制方法。工业排放源是指工业生产过程中排放的温室气体,不包括生产过程中使用燃料而产生的温室气体。这部分排放源包括以下生产过程:钢铁、有色冶金、无机化学品、有机化学品、非金属矿产品等。中国在水泥、石灰、钢铁、铝、肥料等方面的生产已有相当大的规模,因此工业过程中的 CO_2 排放量较大。表 7.1 给出了中国矿物燃料燃烧与工业过程源 CO_2 排放清单(张仁健等,2001)。

1994 年能源活动排放的 CO_2 比 1990 年增长了 23.4%,但能源活动排放的 CO_2 比重有所下降;工业生产过程排放的 CO_2 比重则有较大增长,1994 年比 1990 年增大 53.3%。近年来,由于中国能源消费持续增长以及能源效率的提高,CO_2 排放量增长速度较快。从矿物燃料品种看,液体燃料有所增加,固体和气体燃料相对有所减少。从增长速度看,三种燃料均有所增长,但液体燃料增长最快。

表 7.1 中国矿物燃料燃烧与工业源 CO_2 排放量

排放源	1990年		1994年		1994年与1990年之比(%)
	排放量(Mt)	百分比(%)	排放量(Mt)	百分比(%)	
矿物燃料燃烧					
液体燃料	284.15	13.8*	373.34	14.7*	131.4
固体燃料	1 735.00	84.6*	212.05	83.8*	122.2
气体燃料	32.60	1.6*	37.94	1.5*	116.4
合计	2 051.74	92.5*	2 531.62	90.8	123.4
工业过程					
水泥	78.90	47.2**	152.22	59.4**	192.9
石灰	71.47	42.8**	82.50	32.2**	115.4
钢铁	15.4	9.2**	19.12	7.5**	124.2
电解铝	1.37	0.8**	2.31	0.9**	169.3
合计	167.13	7.5	256.16	9.2	153.3
总计(能源+工业过程)	2 218.88	100	2 787.8	100	125.6

注:* 占总矿物燃料的百分比;** 占总工业过程的百分比。

中国工业生产过程排放的 CO_2 中,水泥生产排放比例占一半以上,增长速度也较快;生产石灰比例也较大,增长速度稍慢;电解铝比例逐步增大,增长速度也很快。中国工业生产过程排放源的特点是:CO_2 排放量大,排放源分散且数量庞大。这是因为中国水泥、石灰产量居世界第一,钢铁产量也居世界前列,工业生产过程的 CO_2 排放量相当可观的;而 81%的水泥产量是由遍布全国的小型水泥窑生产的,石灰生产也同样如此。

从燃料品种看,煤炭是中国矿物燃料的主要 CO_2 排放源,占总排放量的 90%以上。从增长幅度看,CO_2 的矿物燃料燃烧活动排放增加量要远大于工业过程排放。从增长速度看,CO_2 工业过程排放的增长速度大大高于矿物燃料燃烧排放的增长速度。从所占比例看,CO_2 工业过程排放所占比例在增大,而 CO_2 的矿物燃料燃烧活动排放比例在减少。从矿物燃料品种比例看,液体燃料逐年加大,固体和气体燃料相对有所减少。三种燃料均有所增长,但液体燃料增长速度最快。水泥和石灰生产过程是工业过程 CO_2 两大主要排放源,水泥生产过程排放的 CO_2 增长速度最快,增长幅度最大;石灰和钢铁生产过程排放的 CO_2 增长速度较慢;电解铝生产过程排放的 CO_2 虽然增长速度较大,但排放量很小,比例略有增加。考虑到煤炭运输损失、较低碳氧化率、低入洗率三个因素,中国矿物燃料燃烧排放的 CO_2 将有大于10%的减排潜力。

根据美国能源部橡树岭国家实验室二氧化碳中心的数据,1990年和1994年全球 CO_2 矿物燃料燃烧排放分别为217.8亿t和220.4亿t。1990年和1994年中国 CO_2 矿物燃料燃烧和工业过程总排放分别为22.189亿t(合 605.1×10^6 tC)和27.878亿t(合 760.3×10^6 tC),分别占当年全球 CO_2 总排放的10.2%和12.7%。

随着中国人口的增多、经济的高速发展以及人民生活水平的提高,尽管能源利用效率不断提高,但一次性能源的需求总量将会有合理的增长,相应的 CO_2 排放量也会增大。无论是现在还是将来,中国的能源供应均将依靠本国的能源资源。因此,根据中国能源资源的特点,制定正确的能源开发与供应战略,促进能源替代以及能源开发与转化效率的提高,对于减少 CO_2 的排放有着重要意义。

碳减排与增汇对策

由大气 CO_2 增加引起的全球变化将给全球的社会稳定、经济发展、人口与物种分布带来严重影响,采取有效措施对付全球变化的不良影响是保证人类生存环境可持续发展的基础,而防止气候变暖的关键是在全球范围内稳定进而削减 CO_2 等温室气体的排放。《联合国气候变化框架公约》规定,“将大气中温室气体的浓度稳定在防止气候系统受到危险的人为干扰的水平上”。《京都议定书》要求工业化发达国家努力在 2010 年把 CO_2 的排放量减少到比 1990 年还少 5.2%的程度，因为自工业革命以来的 200 多年间，大气中 CO_2 等温室气体浓度增加的 25%主要是发达国家造成的。发达国家的人口仅占世界人口的 25%左右，但能源消费却占全球总消费量的 75%左右，CO_2 排放量占世界总排放量的 75%。美国人口虽只占全球人口的 5%，却在消耗着全球 30%以上的能源。因此，发达国家在限制能源消费和削减温室气体排放方面应承担更大的责任。

限制 CO_2 排放的实质就是限制能源消费，进而影响发展中国家的经济发展。如果在 2010 年地球上 60 多亿人口的平均 CO_2 等温室气体排放量全部达到工业化国家 1990 年的水准，则地球就可能承受不了温室效应加剧所带来的严重后果。发展中国家的经济发展亦不能以牺牲人类赖以生存的环境作为代价。为此，国际社会必须联合行动，积极研究应对策略。全球环境问题的发展和防治必将引起人类思维方式、社会、观念、经济结构以及科学技术的巨大变革。为防止气候变暖、控制温室气体剧增，人类就必须控制人口、调整现在的能源结构战略、加强保护森林植被。

若想使大气中 CO_2 浓度保持在目前水平，则需全球 CO_2 排放量削减 60%。由于现代生产及生活对能源的强烈依赖使得这一目标很难在近期实现，由此导致一场广泛而深刻的变革在科学、技术、管理与工程等领域悄然展开。由建筑业房屋隔热、节能性能的研究与应用，到制造业提高燃烧效率和节能技术的开发，可再生能源的应用，燃料电池的研究，CO_2 的收集、处理、处置技术以及征收碳税的管理手段和减少能源消费的生活模式，CO_2 的控制已不仅是大气污染治理的目标，而且更多地渗透到各行各业的生产与人们的生活中（李春鞠、顾国维，2000）。

目前，关于减小碳源、增大碳汇的对策主要可以分为 3 类，即生物技术、能源革新和大气污染控制技术。

生物技术

林业碳对策　利用自然界光合作用来吸收并贮藏CO_2,是控制CO_2最直接且副作用最少的方法。美国等一些对CO_2排放负有重大责任的发达国家就曾以大量植树为由要求放宽削减CO_2排放的指标。1997年12月签订的《京都议定书》除进一步强调了减少以CO_2为标志的全球温室气体排放外,还将一个国家或地区的CO_2排放与其经济发展联系了起来,引入了以联合履行(JI)、排放贸易(ET)和清洁发展机制(CDM)为核心的所谓"京都机制",拟订了可通过"土地利用变化、造林和改善农田管理"等措施增加陆地碳汇以抵消本国碳排放指标的协议框架。

森林是陆地生态系统的主体,贮存了全球陆地生态系统约80%以上的碳。因此,森林资源的破坏无疑将增大CO_2、CH_4以及其他温室气体的排放,导致全球温室气体含量持续增长,引起以气候变暖为特征的全球变化。但是,如果森林管理得当,则可增强森林碳吸收,有助于减缓全球变化。寻找既能促进林业可持续发展,又能缓解温室气体排放,保护森林碳库,增强和增大碳贮存是各国政府面临的严峻挑战。

是否有可能逆转土地开垦的长期趋势,并种植新的树木以吸收过剩的CO_2呢?要取得明显的效果需要多少土地面积?这种固碳能力能持续多久?据研究,在温带地区,快速生长的森林每年能够固定2.7 $tC \cdot hm^{-2}$,并持续几乎100年的时间.因此,要想每年固碳1 Gt,即约相当于目前每年矿物燃料燃烧所放出CO_2的17%,则新种植的森林将不得不占用3.70亿hm^2的土地,约相当于亚马孙流域的一半。

碳的累积作用并不是线性的。早期碳的累积作用较快,但当树木趋于成熟时,固碳速度将下降,直到树木的年呼吸速率与树木的年碳吸收相等为止。如果该森林不进行人工管理,那么树木将在不同时间死亡并会自然地更新。在更大的范围内,植被从大气中吸收

的 CO_2 与有机质的分解引起的 CO_2 排放将达到平衡，那时森林将不再是碳汇了。

Houghton(1990)根据过去曾经有过森林、且现在未被开垦为农田或居民区的陆地估算了热带地区可用于造林的土地面积，指出热带地区约有 5.0 亿 hm^2 的土地可用于重新造林；而且如果使目前被作物所占的土地及轮作制所占的休闲地减少到在低投入的连续耕作制状态下能生产出类似产量的水平，则还可能有 3.65 亿 hm^2 的土地用于重新造林，总面积达 8.65 亿 hm^2，比亚马孙流域大近 25%。由于大多数用于重新造林的土地可能是肥力较差的土地，如植物所需营养成分的含量较低，尤其是磷，因此，Houghton(1990)估计这些土地的平均固碳率约为 $1.7\ t \cdot hm^{-2}$。由此，在未来一个世纪里每年将有 1.5 GtC 被固定(总固碳量约为 150 Gt)。而在那时以后，如果新造的森林不受人为干扰，那么森林与大气之间的碳交换就处于稳定状态。Houghton(1990)指出，这个估计值是一个乐观的估计，因为它没有考虑土地的所有权、重新造林所需的花费以及受耕作损耗的土地肥力供树木生长的能力等，因为即使有节制的耕作也会造成土壤肥力的下降。

为了探讨林业碳对策，首先需要了解世界森林资源状况及其碳库在全球碳循环中的作用与地位。

(1)森林资源状况

世界森林大部分位于低纬度或热带(南、北纬 0°～15°)，约占 43%，其次是高纬度或寒温带(南、北纬 50°～70°)，约占 32%，以及中纬度或温带(南、北纬 25°～50°)，约占 25%。目前，全世界人工林面积约 1.8 亿 hm^2。根据 FAO 在 1995 年公布的《1990 年森林资源评估全球综合报告》及《1998 年世界资源报告》，1995 年全球森林覆盖面积为 34.5 亿 hm^2，覆盖率为 26.6%，蓄积量为 3 837.27 亿 m^3，森林生物量为 4 404.78 亿 t，人工林面积为 1.8 亿 hm^2，人均森林面积为 0.644 hm^2(李克让等，2002)。

目前，世界森林面积呈不断下降趋势。1990 年森林及其他树木茂盛地区的覆盖面积为 51 亿 hm^2，约占地球土地面积的 40%。其中，森林约 34 亿 hm^2，其他树木（包括温带的稀疏林地、低矮丛林地、灌木和灌木林地，以及热带的森林休闲地（密林和疏林）和灌木）约 17 亿 hm^2。据 FAO 的评估报告，1980～1995 年间全球森林净损失约为 1.8 亿 km^2，平均每年损失约 1 200 万 hm^2，主要发生在发展中国家。森林资源减少的主要原因为人口增长、木材和薪材需求增长，森林开垦为农地（特别是非洲）、商业采伐以及过度放牧等。而森林减少又将导致森林质量严重下降，而且剩余的森林也被分割成支离破碎的孤立林带。

中国森林主要分布于中纬度或温带及亚热带地区，寒温带及热带则较少。其中，中国人工林面积居世界第一，已成林的人工林面积约 3 425 万 hm^2。据 1993 年中国森林资源清查统计数据，无论是森林面积，还是蓄积量或生物量，中国森林资源的绝对数值都是很大的。中国森林面积为 1.46 亿 hm^2，居俄罗斯、巴西、加拿大、美国之后，排在第五位；林木蓄积总量仅次于俄罗斯、巴西、加拿大、美国、刚果（金）和印尼之后，名列第七位（约 117.85 亿 m^3），约占全球的 3.1%；森林生物量居第八位，为 160.09 亿 t，最多的是巴西，其次为俄罗斯、刚果（金）、加拿大、印尼、美国和秘鲁。但以人均资源占有量而言，我国在世界上仍属于森林资源贫乏的国家之一。中国土地总面积约占世界土地总面积的 7.2%，人口占世界总人口的 22%，而森林面积仅占世界的 4.2%，森林覆盖率（按郁闭度大于 0.2）为 15.25%，居世界第 117 位。人均森林面积为 0.11 hm^2，只相当于世界人均水平（0.6 hm^2）的 17.2%，居世界第 124 位。人均森林蓄积量为 8.6 m^3，与世界人均森林蓄积量为 71.8 m^3 相比，只相当于世界人均水平的 12.0%。

中国天然林资源砍伐及生态破坏也十分严重。天然林是我国森林资源的主体，约 8 726 万 hm^2，占森林总面积的 80%，蓄积量为 837 518.75 万 m^3，占林分总蓄积的 92%。国有林区是我国主要江河的发源地，是原始林分布区。1949 年以来，森林采伐面积已超过 7 000 万 hm^2，国有林区森林面积仅在 20 世纪 80 年代就减少了 21%，森林蓄积量下降了 27%。

除过量采伐外，以破坏森林环境、破坏整个森林生态系统和全部资源为代价而换取木材收益的皆伐方式也对原始林绝对数量的减少和质量的下降起了重要作用。据统计，全国每年仍有 756 万 hm^2 的有林地逆转为无林地、疏林地或灌木林地，44 万 hm^2 有林地变为非林业用地。

目前，世界上未受干扰破坏的森林区为数极少。这类破坏必然会影响森林在全球碳循环中的作用以及未来的碳吸收潜力。

(2)森林碳库及碳通量

目前，全球植被共贮存 550 GtC，在地表 1 m 厚土壤中贮存了约 2 011 GtC，大约是植被碳贮量的 4.3 倍。占全球陆地植被面积约 28%的森林蓄积了全球陆地生态系统约 80%以上的碳，其中以低纬度热带森林碳贮量最多；而在土壤碳库中，近一半碳贮存在北方和温带森林及温带草地土壤中。

中高纬度地区森林主要由幼龄林构成，净生产率较高，是一个 $0.7\pm0.2\ Gt\cdot a^{-1}$的碳汇(表 7.2)。这是因为这些森林正从过去的扰动(包括采伐及野火等)或破坏中恢复过来，而且对这些森林进行了积极的管理(包括稳定、抚育和保护)，而大气 CO_2 和氮含量增长带来的施肥效应也起了一定的积极作用。低纬度森林由于毁林、采伐和立木蓄积逐渐减少而表现为 $1.64\pm0.4\ Gt\cdot a^{-1}$的碳源。总体而言，全球森林表现为碳汇，其强度约 $0.9\pm0.5\ GtC\cdot a^{-1}$。

(3)林业碳对策

林业的碳对策概括起来主要有 4 类：保护式管理、贮存式管理、替代式管理，以及适应未来全球气候增暖的经营管理(李克让等，2002)。

表 7.2 全球主要地区森林植被与土壤碳库及碳通量

地 区	碳库(GtC)		碳通量 (GtC · a^{-1})
	植 被	土 壤	
高 纬			
前苏联	46	123	+0.3～+0.5
加拿大	12	211	+0.08
阿拉斯加	2	11	包含在美国中
小计	60	345	+0.48±0.2
中 纬			
美国	15	21	+0.1～+0.25
欧洲	9	25	+0.09～+0.12
中国	17	16	−0.02
澳大利亚	18	33	—
小计	59	95	+0.26±0.1
低 纬			
亚洲	41～45	43	−0.50～−0.90
非洲	52	63	−0.25～−0.45
美洲	119	110	−0.50～−0.70
小计	212	216	−1.65±0.40
总 计	331	656	−0.90±0.50

资料来源:李克让等,2002。

· 保护式管理

保护式管理是指对现有森林实施天然林保护政策,改变采伐管理制度,减缓并最终制止毁林,防治森林火灾和病虫害,保护森林,尽量减少人为及自然的破坏,以达到尽可能多地保护现存森林碳库的目的。保护式管理的措施包括:控制和制止毁林及生态破坏;保护自然保护区中的森林,特别是对天然林实施保护,改变天然林的采伐机制;防治和控制其他的人为破坏及自然灾害,如森林火灾和病虫害等。

控制和制止毁林及生态破坏可以大大减少 CO_2 的排放。在热带和亚热带地区,毁掉每 1 Mhm^2 的森林大约可产生 0.1 GtC 的净碳释放。此外,由于生物物质的燃烧通常伴随着毁林和排放其他温室气体,因此制止和放慢毁林速度也可以减少其他温室气体的排放。

森林资源破坏除了增加碳排放外,还将引起生态环境恶化、水土流失,导致土地退化、荒漠化、自然灾害加剧。过去抑制毁林的国际努力(如热带林业行动计划等),只获得了有限成功,主要原因是缺乏综合政策。因此,必须从林业可持续发展战略出发,采取有效对策与行动,才能从根本上实现制止毁林,保护碳库,缓解碳排放。而要做到这一点,必须采取行动以减少人类对土地和木制产品的需求压力,同时加强对保留林的保护。多数的毁林和退化行动是因为可耕地和牧场的扩大以及对木材产品的需求引起,而这些因素又受人口增长、社会经济发展甚至政治因素影响。由此可见,减少毁林的计划必须配合森林资源和土地的可持续利用措施以及降低人口增长率等,逐步建立和完善保障林业可持续发展的一系列社会、经济、政策、管理、法律法规、技术保障、环境保护等体系。

天然次生林和原始林的结构及遗传特征,物种的丰富度、多样性,及其通过物质循环宜于再生的特性,使得天然林除了能适应正常的气候变化外,还能适应异常的大幅度气候变化。因此,对天然次生林或原始林,特别是对未来气候变化影响较大的热带、暖温带、温带、寒温带等地区的天然林,应加强科学经营管理,维持森林生态系统的生物多样性,提高森林的稳定性,不要因人为的管理不当而限制森林的自然演替进程或使环境变化加剧。

森林地面生长物的燃烧,包括就地燃烧、场外燃烧(薪材)以及森林火灾,将造成大量 CO_2、CH_4 等温室气体的排放，而森林火灾则更会造成意外的经济损失，减少森林碳汇。引起森林火灾的气候因素主要有降水量、温度、相对湿度等（其中降水量和温度的变化又将影响到大气相对湿度的变化），它们直接制约着林区可燃物的干湿程度。为防治森林火灾，应加强和重视防火林带的建设，包括：防火树种的选择应具有较强的阻火能力，即适应性强、常绿、树冠结构紧密、种源丰富、栽培容易、生长快、郁闭早、能较快地起到防火隔离作用；防火林带营造应选择良好的林带结构以形成不利于可燃物燃烧的环境，并使可燃物呈不连续分布。

森林病虫害的发生与气候因素有着密切的联系。伴随着全球气候增暖，森林病虫害的发育速度加快，繁殖代数增加，越冬界北移，害虫迁飞范围扩大，且有利于害虫越冬繁殖，造成越冬菌源、虫源基数增加，而水热条件的变化所引起的森林植被分布格局的改变则可能使一些处于气候带边缘的树种的生长力和竞争力减弱，对病原菌和寄生物的抵抗能力降低而容易发病。因此，应采取积极的防御对策，最大限度地减少气候变化助长病虫危害的损失，确保林业生产，包括：加强林木的检疫工作、大力推行林业生态防治和生物防治、积极进行化学防治、培育抗病抗虫新品种以及加强病虫害的监测和预测预报。

· 贮存式管理

贮存式管理主要指增加植被（包括地上和地下活的生物量）、土壤（包括凋落物层、枯立木、矿质土壤和某些重要的泥炭土）以及耐久木材产品中贮存的碳量。增大植被和土壤碳库的方法主要包括：保护次生林和其他退化林（这类森林的生物量和土壤碳密度小于最大值）、在无林地上营造人工林、促进次生林的天然或人工更新、在农田或牧场上增种树木、发展农林综合经营系统等。

贮存式管理在植被和土壤中只能产生有限的碳吸收潜力，并额外累积少量的碳。这种过程的时间尺度可能是几十年到几百年，时间长短取决于目前森林的龄级、可容纳的最大碳密度、森林类型、树种淘汰以及纬度带。

据估计，全球营造4.56亿hm^2的森林可使未来数十年大气中CO_2浓度保持稳定。目前，全球可用于造林的潜在土地面积为3.2亿～6.4亿hm^2，如全部造林后形成新的木材资源中的一半作为能源(薪材)，则可使热带和温带地区每年减少大气碳0.3～1.9 Gt。通过林分管理而增加的薪材量可使温带和寒带地区森林向大气的碳排放每年减少0.036～0.141 Gt，热带森林的碳排放量每年减少0.04～0.42 Gt。

在用材林基地建设中，应大力发展速生丰产林，加强人工林的集约经营，这样可以较快地提高生产力，长时间地增加碳汇。在发展速生丰产林时，应选育合适的树种，并加强规划设计、选种育苗、栽植、抚育等营造技术。由于不同树种的碳贮存能力有一定差异，因此应注意选择那些贮碳量高、生长发育快的树种。除了考虑固碳能力之外，还应增大耐久木材产品碳库，包括增加耐久的木制品品种，如桥梁、建筑、铁路、航空及船舶用木材等，扩大对木材产品的需求，扩大速率应大于木材腐烂速率，通过各种方法(包括木材处理、长寿命碎料板的生产等)尽量延长木材产品的寿命，甚至发展木材产品(如纸张)的循环利用等。

森林土壤是一个巨大的碳库，全球平均地表以下1 m深的土壤碳贮量约为植被碳库总量的4倍左右。土地利用的变化不仅直接影响土壤有机碳的含量和分布，也通过制约与土壤有机碳形成和转化的因子，间接影响土壤有机碳的含量和分布。土地利用变化主要通过改变对土壤的碳输入和改变土壤有机质的分解速率等影响土壤碳蓄积。因此，除了采取各种措施增大森林碳贮量以外，亦可通过土地利用变化增大土壤，特别是农业土壤碳的固存和蓄积。

人工造林是增加森林固碳能力的重要措施。但在造林活动中一定要将气候变化作为重要影响因素给予充分考虑。自 20 世纪中叶以来，中国开展了大规模的人工造林运动，现存的人工林面积已远远超过世界上任何国家。但是，中国的造林成活率低至今仍是一个较突出的问题，其中有人为的不利干扰，也有自然因素的影响，而夏季高温、干旱引起的土壤水分亏缺则是制约苗木成活的关键，这种现象在中国北方（包括西北、东北）干旱、半干旱、半湿润地区，表现尤为突出。因此，在全球变暖的背景下进行人工造林，应特别注意采取科学的造林对策，包括选择适宜的造林时间、积极开展容器育苗，以及大力营造混交林。

· 替代式管理

替代式管理就是把森林作为可再生资源，关注碳吸收速率或生物量碳向可替代或减少矿物燃料的使用产品转移，从而达到减少碳排放或长期封存碳的目的。具体措施包括：扩展森林作为林产品和燃料提供者的用途、建立新森林或人工林、增加现存林的生长量（通过育林措施）。在确定用哪些现存林来达到这一目的时，关键要考虑森林生长率和生物量碳的初始立木蓄积。例如，最好不要把具有大的初始立木生物量碳和生长率缓慢的森林（如成熟林）用做进行替代管理的林分，这样可能需很长时间（直至几百年）才能使碳的净吸收恢复到初始值，甚至根本不能恢复到初始值。

当用森林生产锯材原木、胶合板和其他工业木材产品时，碳就被长期封存。封存时间的长短取决于木材的处理和利用方式。生产木材产品所需的能源往往要比生产其他产品（如钢、铝、混凝土）所需的能源少得多，因而投资木材产品可能有较大的能源回报。例如,用具有承重能力的复合实木产品代替钢筋混凝土可以节省大量矿物燃料。然而,需要对木材产品的整个生命周期进行分析,以正确估计对净碳贮存和净碳排放的影响。

薪材是当今世界,特别是发展中国家的重要能源,世界上几乎一半人口将薪材当成主要的能源消耗。薪炭林是无污染的优良能源,薪材含硫量较低,在燃烧时放出的 CO_2 与薪炭林生长期固定的 CO_2 相当可观,因此大力发展薪炭林替代矿物燃料有助于大气 CO_2 浓度的稳定,可缓解温室效应。

此外,还应积极开发和推广太阳能、风能、水能等可再生能源,减少温室气体的排放。据估计,若推广太阳能、风能、地热、小水电、沼气等替代能源,到 2010 年,中国可节材 8 335.57 万 m^3,增加碳汇 41.68 Mt;至 2020 年,可节材 7 538.55 万 m^3,增加碳汇 37.69 Mt,平均每年可节材 7 538.55万 m^3。

- 适应未来全球气候增暖的经营管理

为了适应全球气候变化,特别是未来可能变暖的总趋势,应采取必要的经营管理措施,以趋利避害,从而达到最大限度地提高森林成活率、增加森林固碳能力的目的。具体措施包括:选育良种、营造温暖性耐旱树种和采用适应气候变化的间伐和轮伐期经营对策。

大气 CO_2 浓度与温度增高将对树木的生长发育和木材产量产生影响,使森林资源的数量和质量都发生变化;同时,还会影响到林龄结构,使林木达到成熟的年龄改变,适当的集约经营会赋予林分许多优于非经营林的特点,使林分能够适应气候变化而避免造成严重的不良后果。譬如,采伐森林时应永久保留一定数量的具有各种腐烂程度和密度的站杆和倒木,不仅可以满足野生动物和其他生物对一些特殊生境的要求，也能起到维持林地小气候、形成异龄林结构等重要作用，从而达到维持林地生产力和生物多样性的目的。

CO_2 施肥效应和升温作用会使林木的生长加快，使林分提前郁闭，而过密或过稀的林分对气候变化的负效应抵抗能力弱，易衰亡，易发生病虫害及森林火灾等。为此，应及时间伐，以达到合理的密度，提高森林对气候变化的适应能力。过熟林分对不良气候的抵抗能力较弱，气候变暖则可能导致林木成熟期缩短。为了提高森林对气候变化的适应能力，根据树种和气候特征，适当缩短轮伐期也是非常必要的。

农业碳对策　目前，可行的温室气体减源增汇的农业对策主要包括 3 个方面：减少化肥用量、增加有机肥；作物新品种的选育推广；退耕还林草和农业新技术推广。

农业生态系统是一种开放型的生态系统，因为耕地资源的开发利用过程是开放型的。不同于森林和草原生态系统，农业生态系统的投入和产出环节是不平衡的。从投入环节看，农作物生长所需光、温、水、光合作用所需 CO_2、呼吸所需 O_2 都来自于气候条件，是种自然投入；从产出环节看，耕地上生产的绝大部分籽实、茎实和秸秆被生产者取走，为社会所需，这使耕地的自然积累能力很低，这也就是为什么新开垦的耕地，其原始养分在数年之内就被农作物消耗殆尽的原因。因此，人类对耕地物质投入的减少或不足，以及利用不当都会导致耕地质量退化，并使耕地成为温室气体的重要排放源。研究表明，与施化肥的农田相比，不施化肥农田的温室气体综合排放效应下降 15.99%，少施化肥则下降 5.9%，不施化肥或少施化肥是减少温室气体排放的最佳措施。增加绿肥播种面积或利用野生绿肥可使农业土壤成为更大的温室气体汇。尽管要维持耕地的高产和稳产必须施用化肥，但可以通过采取深施化肥、平衡施肥、有机与无机肥结合、长效肥料等科学措施，提高肥料的有效利用率，逐步减少化肥使用量，从而达到减少温室气体排放的目的。

通过选育高产的优良作物品种，贮备和培育一批高产、优质、抗病虫害的作物品种，提高碳、氮利用率，减少碳、氮损失，进而实现减少温室气体排放的目的。

一般农牧交错区旱作耕地与开垦初期相比，有机质含量下降60%～80%，含氮量下降60%左右，这就使耕地成为向大气排放碳氧化物和氮氧化物温室气体的重要源。因此，通过增加地面覆盖、设置农田防护林、退耕还林还草等措施，可使退化生态系统恢复，减少温室气体的排放。

另外，通过推广模式化栽培、旱作农业、节水农业、农地膜覆盖、保护性栽培、优化耕作制度、病虫鼠草害测报及综合防治等效果显著的农业适用技术，既增加农业产量，又可提高土壤肥力，减少温室气体排放。

草地碳对策　据1999年FAO统计，全球放牧草场面积约32亿hm^2。草地土壤含碳量为全球土壤碳贮量的10%～30%，1 m深土壤有机碳含量为200～420 Gt，碳酸盐含量为470～550 Gt。因此，有效的管理措施，如减少土壤退化过程中碳的丢失和增加碳的投入和保留时间，可以提高土壤的碳贮存量。增加草地土壤碳贮量的措施包括：减缓土壤退化进程、适宜的放牧管理、草地保护及提高草地生产力。

- 减缓土壤退化进程

  土壤侵蚀会降低草地生产力，使多年生植物数量减少，超载放牧降低草地植被的覆盖度和加速土壤侵蚀速率，从而造成归还到草地土壤的生物量减少和土壤碳贮量减少。由于超载放牧、盐化、碱化、酸化等，全球71%的草地不同程度上存在退化问题。植被重建和提高生产潜力将提高土壤碳贮量，减少土壤侵蚀的强度和频率。

- 适宜放牧管理

超载放牧是引起草地退化的最主要的原因。放牧清除了生物质和营养，影响土壤碳贮存。增加放牧强度一般将导致生物质和土壤碳库的减少；而改善放牧管理（如适宜的存栏数和轮牧）将明显地提高碳的贮存量。

· 草地保护

保护过度放牧草地和将耕种土地转变为永久草地可以增加草地地上、地下的生物量和土壤碳贮量。在采取保护措施的50年或更长时间内，固碳率将随时间的推移而降低。施肥可以使碳的贮存速率和总量增加。如果草地转变为农田，土壤中的碳则将迅速丢失，而碳丢失的速度将取决于所采取的管理方式。

· 提高草地生产力

施肥、灌溉、新品种引入及火烧等管理措施有助于提高草地生产力，增加草地固碳能力。土壤肥力是许多地区牧草生长的限制因子，合理的施肥可以显著提高牧草的产量，从而增加土壤碳贮量。如果放牧强度降低或停止放牧，施肥对土壤碳贮量增加的作用将更加明显。由于水分是牧草生长的限制因子，灌溉将能明显提高牧草地上、地下生物量。尽管灌溉也加速了土壤碳的分解速率，但总体而言灌溉还是能明显增加土壤碳贮量。引入固氮豆科和高产牧草将使草地生物量增加、土壤碳贮量提高。火烧是一种古老的草地改良措施，目的在于抑制灌丛生长、清除凋落物、促进牧草生长，使当年及次年牧草产量明显增加。燃烧将使草地地上部分的大部分碳以及地下部分的一小部分碳排放到大气中，同时还排放CH_4、非CH_4碳水化合物、CO、NO、N_2O等。草原火烧导致草地生态系统的碳排放。增加草地火烧频率将使土壤氮含量减少，引起牧草产量降低。停止火烧将使草地的木本植物含量增加，导致生物质和土壤碳库的大量增加。

海洋碳对策 海洋是碳的最大的、活跃的贮存库。据估计，海洋中溶解的无机碳总量为34 000～38 000 Gt，仅有很小一部分是CO_2。碳氢盐离子是溶解的无机盐的主要形式。虽然海洋是碳的最大的、活跃的贮存库，而且海洋占全球面积的70%，但是总的海洋生物量仅占贮存在陆地植被中碳的0.5%。另一方面，海洋生物的GPP约30～40 Gt·a^{-1}。这种生产的一部分造成大气CO_2的汇。作为这一生物泵的结果，溶解的无机碳的浓度随着海洋深度而不同，海表层水中的浓度较深水中少10%～15%。这与表面水层中的磷和氮耗尽相应，即使在强的涌升区亦然，这是生物学吸收和耗损物质消耗的结果。这种物质的耗尽部分地与其化学特性有关。如果它处于有机体组织的形式，则它在中间的水层被氧化，使氧最少；而碳、氮和磷最多。如果它是碳酸盐形式，它将在溶解跃面之下溶解，引起碱度和碳浓度的增加，这发生在高压力使碳酸钙溶度增加的深度中。因而，海洋生物泵使表面水域的CO_2分压力降低，使与大气不接触的水层的分压力增加。生物泵的作用包括向表面水提供营养、食物网络动力作用和把微粒物质的损失下传到深海。这是对整个温盐环流的强度变化，以及营养、初始氮和磷的变化的响应。

向海洋表面水输送的营养通量，一部分并没有被生物群利用，而是又返回到深海，它由高纬度沉降系统中的返回水流所携带。确定这些调解着下沉水团中有机营养浓度和所谓的初始营养通量的物理、化学和生物过程是很重要的。初始营养浓度可反映物理过程，而且一定程度上受到生物活动的影响。这种活动可把那些沉降到深层的排泄物中的碳、氮和磷酸盐收集起来，从表面到深层都提供营养，并与那些高纬度深水构成有关的物理过程无关。

研究发现，海洋生物吸收CO_2的潜力很大。日本科学家已筛选出几种能在高浓度CO_2下繁殖的海藻，并计划在太平洋海岸进行繁殖，以吸收附近工业区排出的CO_2。美国一些研究人员正以加州巨藻为载体，在其上繁殖一种可吸收CO_2的钙质海藻，并在吸

收 CO_2 后形成碳酸钙沉入海底，腾出巨藻表面可供继续繁殖。这些探索研究如能成功，必将减轻因削减 CO_2 排放而对经济增长造成的压力，具有重要的现实意义。

能源革新

CO_2 的排放很大程度上取决于为获得能量而进行的矿物燃料的燃烧，因此改革能源形式或能量来源成为减少 CO_2 排放的一个突破口，这也符合污染控制的原则，即从源头控制 CO_2 的生产。20 世纪 90 年代以来出现了两种新技术：燃料脱碳与燃料电池。燃料脱碳是以含碳量较低的燃料（如石油和天然气）或无碳燃料（如氢气）取代含碳量高的燃料（如煤），使得单位能耗的 CO_2 排放量减少。

早在 20 世纪 80 年代美国化工界提出的碳化物混合处理气化流程便能实现这一目的。煤炭、生物体等不清洁燃料与 H_2 一起反应生成 CH_4、CO、H_2 以及固态焦炭等，再将 CH_4 高温分解成 H_2、CO 及固态炭黑，然后 H_2 与 CO 合成甲醇，未反应的 H_2 与 CO 作为原料循环使用。1997 年 7 月美国能源部又推出一项新技术，将一个重整器或气化器与转移器组合起来便能把矿物燃料转化成 H_2 与 CO_2 的混合物，然后分离并处置 CO_2。燃料电池是通过电化学氧化产生电力，即直接将化学能转化为电能，冲破了燃烧产热生成水蒸气再带动汽轮机发电的传统模式，因而燃料电池的效率不受卡诺定律限制，可达到 40%～60%（火力发电的效率仅有 30% 左右），大大节约了初级能源，也避免了大量污染。燃料电池有多种类型，各有千秋，并在航天、国防、交通等领域得到应用。其中，质子交换膜燃料电池（PEM）在低温下运行可产生高密度电力，且体积小，可用做汽车的动力来源。

目前，福特和克莱斯勒汽车公司正在开发用 PEM 驱动的汽车，德国的奔驰公司也与温哥华的 Ballard 动力系统公司合作开发用在交通工具上的燃料电池。燃料电池是以 H_2 为燃料的，为了方高达 110 万美元。

- CO_2 进入海洋可能会危害海洋生态系统。研究表明，海水与液态 CO_2 达到平衡时，海水的 pH 值会下降到 3.5，而且 CO_2 还会生成水合物，这些都可能影响海洋生物的生长。
- 并非一劳永逸之举。由于大气与海水间 CO_2 的相平衡，贮存在海洋中的 CO_2 会缓慢地逸出水面，回归大气。据估计，假设一个运行 100 年的发电厂排放的 CO_2 全部被捕获并注入海洋不同深度，那么，在电厂停止运行 400 年后，有 13%的 CO_2 将从海洋回到大气。随着 CO_2 注入的深度越深，CO_2 回到大气需要的时间越长。

因此，CO_2 的海洋处置只是暂时缓解 CO_2 在大气中的积累。

总体而言，美国、日本和西欧一些发达国家在推广清洁生产、进行能源改革和 CO_2 控制技术方面做了积极的努力与探索。中国等发展中国家也正在积极地参与到削减 CO_2 排放的全球行动中去，为减缓全球变化、保护地球家园做出应有的贡献。

参 考 文 献

陈四清，崔骁勇，周广胜，陈佐忠，李凌浩. 1999. 内蒙古锡林河流域大针茅草原土壤呼吸和凋落物分解的 CO_2 排放速率研究. 植物学报，**41**(6)：645～650

方精云，傅梦华. 1998. 北极陆地生态系统的碳循环与全球温暖化. 环境科学学报，**18**(2)：113～121

方精云，柯金虎，唐志舜，陈安平. 2001. 生物生产力的“4P”概念、估算及其相互作用. 植物生态学报，**25**(4)：414～419

方精云等. 2000. 全球生态学. 北京：高等教育出版社

黄萍，黄春长. 2000. 全球增温与碳循环. 陕西师范大学学报(自然版)，**28**(2)：104～109

Houghton J. 2001. 全球变暖. 戴晓苏，石广玉，董敏，耿全震等译. 北京：气象出版社

李崇银. 2000. 气候动力学引论. 北京：气象出版社

李春鞠，顾国维. 2000. 温室效应与二氧化碳的控制. 大气污染防治，**26**(98)：13～15

李克让等. 2002. 土地利用变化和温室气体净排放与陆地生态系统碳循环. 北京：气象出版社

李凌浩，刘先华，陈佐忠. 1998. 内蒙古锡林河流域羊草草原生态系统碳素循环研究. 植物学报，**40**(10)：955～961

李凌浩，王其兵，白永飞，周广胜，邢雪荣. 2000. 锡林河流域羊草草原群落土壤呼吸及其影响因子的研究. 植物生态学报，**24**(6)：680～686

李绚丽，谈哲敏. 2000. 大气圈碳循环的模拟研究进展. 气象科学，**20**(3)：400～412

李玉宁，王关玉，李伟. 2002. 土壤呼吸作用和全球碳循环. 地学前缘，**9**(2)：351～357

林而达，李玉娥. 1998. 全球气候变化和温室气体清单编制. 北京：气象出版社

production. *Nature*, **363**: 234—240

Moore B III, Braswell B H Jr. 1994. Earth metabolism: Understanding carbon cycling. *AMBIO*, **23**(1): 4—12

Parton W J, Scurlock J O M, Ojima D S, Gillmanov T C, Scholes R J, Schimel D S, Kirchner T, Menaut J C, Seastedt T, Moya E G, Kamnalrut A, Kinyamario J I. 1993. Observation and modeling of biomass and soil organic matter dynamics for the grassland biome worldwide. *Global Biogeochem. Cycles*, **7**: 785—809

Prentice K C, Fung J Y. 1990. The sensitivity of terrestrial carbon storage to climate change. *Nature*, **346**: 48—51

Running S W, Hunt E R Jr. 1993. Generalization of a forest ecosystem process model for other biomes, BIOME-BGC, and an application for global — scale models. In: Ehleringer J R, Field C eds. *Scaling Processes between Leaf and Landscape Levels*, 141 — 158. Academic. San Diego, Califonia

Smith T M, Shugart H H. 1993. The transient response of terrestrial carbon storage to a perturbed climate change. *Nature*, **361**: 523—525

Tans P P, Fung I Y, Takahashi T. 1990. Observational constraints on the global atmospheric CO_2 budget. *Science*, **247**: 1431—1438

Watson R T, Rodhe H, Oeschger H, Siegenthaler U. 1990. Greenhouse gases and aerosols. *Climate Change*, 1 — 40. Cambridge University Press